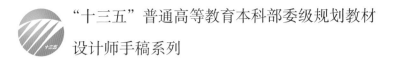

"十三五"普通高等教育本科部委级规划教材

设计师手稿系列

时装画手绘表现技法

郑俊洁 著

U0241945

中国纺织出版社

内 容 提 要

本书内容循序渐进，深入浅出，图文并茂，主要从三个部分讲述了时装画手绘表现技法，分别是基础知识、表现技法和设计表现拓展。第一部分主要侧重于讲解时装人体的相关理论知识，这是绘制时装画最为基础的知识点；第二部分主要是时装效果图中人体着装以后的表现，分别对服装款式细节、时装效果图中线条的表现、服装面料肌理、服装平面款式图的表现等进行了系统且详细的讲解，并配有大量的步骤图解；第三部分是基于上述基础知识的提高拓展部分，对不同风格的时装效果图的表现做了系统讲解，并且配有大量的绘画案例。

本书可以作为高等院校服装设计专业教材，也可以作为服装设计师和时装画爱好者的自学用书。

图书在版编目（CIP）数据

时装画手绘表现技法 / 郑俊洁著 . -- 北京：中国纺织出版社，2017.3（2024.6重印）

"十三五"普通高等教育本科部委级规划教材 . 设计师手稿系列

ISBN 978-7-5180-2407-0

Ⅰ.①时… Ⅱ.①郑… Ⅲ.①时装—绘画技法—高等学校—教材 Ⅳ.① TS941.28

中国版本图书馆 CIP 数据核字（2016）第 040734 号

策划编辑：孙成成　　责任编辑：陈静杰　　责任校对：寇晨晨
责任设计：何 建　　责任印制：王艳丽

中国纺织出版社出版发行
地址：北京市朝阳区百子湾东里A407号楼　邮政编码：100124
销售电话：010 — 67004422　传真：010 — 87155801
http://www.c-textilep.com
E-mail:faxing@c-textilep.com
中国纺织出版社天猫旗舰店
官方微博 http://weibo.com/2119887771
北京通天印刷有限责任公司印刷　各地新华书店经销
2017年3月第1版　2024年6月第5次印刷
开本：889×1194　1/16　印张：12
字数：113千字　定价：49.80元

前 言
Preface

　　时装画是设计师们对于美的观念的一种表现形式，这一表现形式通过感性的艺术手法再现出目标客户群的生活状态。一张好的时装画通常会反映出一位设计师的审美眼光及艺术修养。

　　时装绘画已经有300年的历史，历史上最早出现的时装绘画可以追溯到17世纪。时装画风格可以分为三个阶段，分别是装饰风格阶段、现代主义风格阶段、新绘画风格阶段，这些阶段中的时装画作品也附上了深刻的时代背景。然而，手绘作为绘画中的基本使用手段，随着历史时代的演变，也展现出不同的表达形式。

　　学习时装画的目的是什么？这是在开始上这门课之前师生都会询问和探讨的一个问题。在笔者看来，学习时装画真正的目的在于去理解和欣赏美丽的服装设计作品，在学习的过程中去体会和修炼艺术的精髓，最终可以去记录和表达设计者内心真实的审美感。熟练掌握时装画的绘画技巧是学习服装设计专业的学生必须要掌握的基本专业技能，若要达到以艺术性的手法去表现自己对于时装的理解和审美，需要持之以恒的对专业的热爱和坚持。

作者

2017年1月

教学内容及课时安排			
项目／课时	课程性质/课时	任务	课程内容
第一章 （12学时）	基础知识 （12学时）		时装效果图人体表现
		一	时装效果图人体基础
		二	时装效果图人体局部表现
第二章 （8学时）	表现技法 （32学时）		时装效果图中人体着装后的表现
		一	服装廓型与人体之间的表现关系
		二	服装内部款式结构细节和衣褶的表现
		三	如何将时装秀场上的照片转化为时装效果图
第三章 （8学时）			以线描表现形式为主的手绘时装效果图表现技巧
		一	手绘时装效果图中的形式美法则
		二	手绘时装效果图的表现技巧
第四章 （8学时）			时装效果图中服装着色的表现技巧
		一	时装效果图中的色彩搭配设计表现
		二	不同面料材质的表现
		三	时装效果图中常用工具的表现技法
第五章 （8学时）			服装平面款式的画法
		一	上装类服装平面款式的画法
		二	下装类服装平面款式的画法
第六章 （16学时）	设计表现拓展 （16学时）		不同服装风格下时装人体及效果图设计表现
		一	甜美风格表现
		二	时尚成熟风格表现

注　各院校可根据自身的教学特点和教学计划对课程时数进行调整。

目 录
Contents

基础知识

第一章

时装效果图人体表现 / 001

表现技法

第二章

时装效果图中人体着装后的表现 / 025

设计表现拓展

第一章

时装效果图人体表现

基础知识

课题名称： 时装效果图人体表现

课题内容： 时装效果图人体基础
时装效果图人体局部表现

课题时间： 12学时

训练目的： 此课程的学习使学生了解时装效果图中人体的基本形状、比例以及相关的骨骼和肌肉的关系，在此基础上熟练掌握时装人体绘画的步骤，熟练掌握时装效果图中常用的三种人体动态比例结构，熟悉掌握时装效果图中人的面部五官和发型以及手和脚的表现步骤与技巧。本章节是为后续学习时装效果图课程打下扎实基础功底。

教学要求： 1. 熟悉时装效果图中人体的基本形状、比例以及相关的骨骼和肌肉的关系。
2. 熟练掌握时装人体绘画的步骤。
3. 熟练掌握时装效果图中常用的三种人体的中心线和重心线的结构比例关系。
4. 熟悉掌握时装效果图中人的面部五官和发型以及手和脚的表现步骤与技巧。

课前准备： 查阅与时装效果图中人体相关的书籍和图片资料。准备上课需要的纸和笔。

第一章
01
时装效果图人体表现

第一节　时装效果图人体基础

时装效果图中的人体在时装效果图绘制中占有非常重要的位置，只有掌握了人体动态比例，才能够完整地绘制出一张时装效果图。时装效果图是表现人在某种特定环境下的着装状态，大多是由专业模特来展示着装效果。模特们在展示这些时装时大多是以站姿来展示服装效果的，手臂和腿部的动态以尽量展示服装的细节为宜。因此，时装效果图中所绘制的人体比例修长，一般在9~11个头长，动态要给人简洁、利落的感觉，并具有一定的"S"形节奏感（图1-1）。

对于初学者而言，最开始学习绘制时装效果图并不是拿起笔去画什么，而是要多看、多分析模特在时装秀场上展示服装的动态表现，这样才能形成相对稳定的时装人体印象，进而有助于对着装效果的把握。

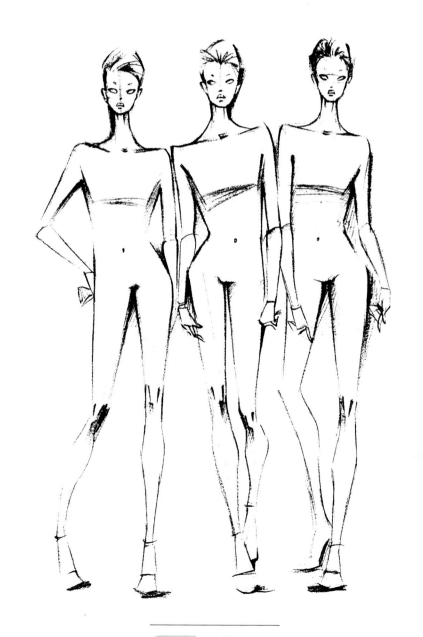

图1-1　时装人体表现

一、人体形状

　　时装人体看似简单，但真正拿起笔绘制时仍存在一定的困难，特别是对某一关节部位的细节刻画。因此可以将人体的各个部位外轮廓型简化成几何廓型（图1-2）。

　　在绘制人体形状时，需要注意以下几点：（1）相对于整个人体比例而言，头部的大小是否合适。（2）相对于头部大小而言，肩画得是否过宽或过窄。（3）肩、腰、臀三者之间的宽度比例是否不够明显，使得画出的人体分辨不出是女性或男性。女性的肩、腰、臀三者之间的宽度比例呈现"X"廓型，男性则呈现"V"廓型。（4）相对于人体而言，手臂和腿部的关节不要画得太小。（5）手和脚的长度大小一定要与人体的头部相协调，不要画得过大或过小。

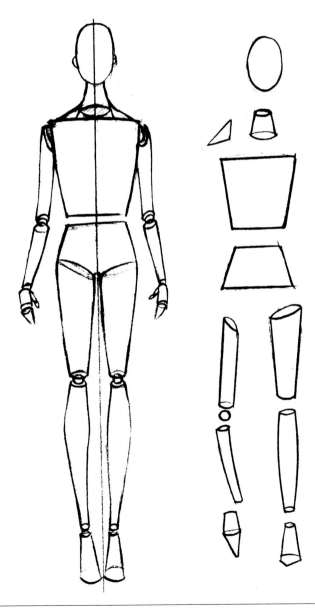

图1-2　人体各部位的几何形状

头—鹅蛋形　颈部—圆柱体　肩胛—楔形　肋骨骨架—倒梯形　骨盆—正梯形　上手臂—圆柱体

前臂—圆锥体　肘部—圆形　手—菱形　大腿—圆锥体　小腿—圆锥体　脚—锥形

二、人体比例

时装效果图中的人体比例一般是9~11个头长，在本书中的人体示范讲解图中，将以9个头长比例来示范讲解。人体分为长度比例和宽度比例。时装效果图中人体"长度"比例的分配如下：

从头顶至下颌（1个头长），下颌至胸围（1个头长），胸围至腰围（1个头长），腰围至臀围（1个头长），臀围至膝关节（2个头长），膝关节至踝关节（2个头长），踝关节至脚趾（1个头长），按照以上的方法先将时装人体的长度比例分出来，但一定不要忘记一个关键的部位，就是"肩"的位置，肩的位置在下颌至胸围处的1/2处，这样时装人体基本长度比例才算划分到位。

时装效果图中人体"宽度"比例主要有肩宽、腰宽、臀宽，这也是时装人体动态比例是否协调的关键处。肩宽占2个头的宽度，腰宽占1个头的长度，臀宽宽度可以介于肩宽和腰宽的宽度之间（图1-3）。

在绘制人体比例时，需要注意以下几点：（1）如臀宽比肩宽宽，画出的人体就呈现"梨形身材"，如臀宽和腰宽一样宽，画出的人体就呈现"香蕉身材"。（2）手臂和腿的长度不要画的太长，注意手臂的肘关节对应的是腰节，腕关节对应的是臀围。（3）大腿不要画得比小腿长，一定要找好"膝关节"的位置。

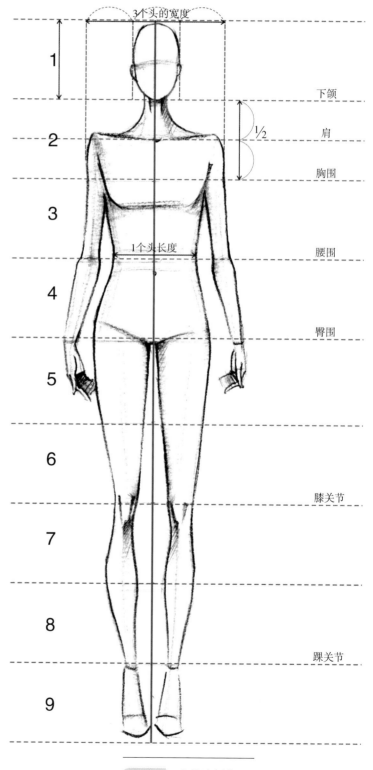

图1-3　人体比例分配

三、人体的骨架、肌肉与人体形状的关系

人体骨架是由206块骨骼组成的，骨骼与骨骼之间通过关节和肌肉连接，通过关节的活动能产生不同的人体动态，因此在画时装效果图时一定要对人体的骨架和肌肉组织结构有比较清晰的认识。人体的骨骼没有一块是笔直的，弯曲的骨骼有利于表现人体的活动和节奏感，富有生机，如果将手臂、腿的骨骼画得完全垂直，那么必然会给人一种僵硬死板的感觉。清楚地了解人体骨架与人体形状之间的关系，对于所画的人体线条的把握会更有根据。

肌肉对人体形状产生突出影响的部位一般是肩、胸、腰、臀、手臂、大腿、小腿，在线条描绘到这些部位和关节时要相对"粗"一些，通过线条的粗细和虚实关系起到强调关节的作用，使人体的廓型富有层次感（图1-4）。

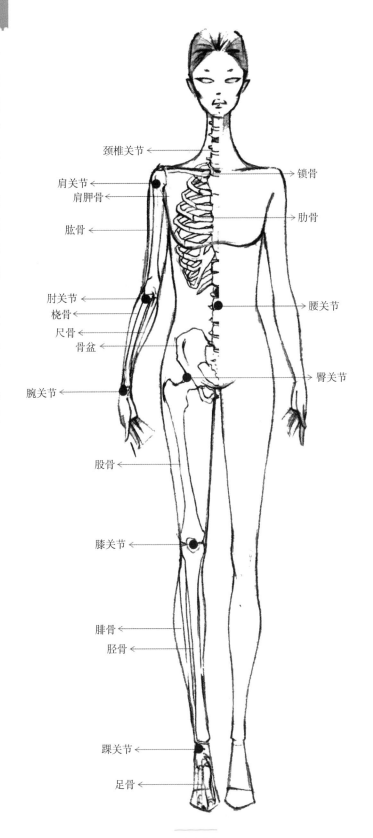

颈椎关节
锁骨
肩关节
肩胛骨
肱骨
肋骨
肘关节
桡骨
腰关节
尺骨
骨盆
臀关节
腕关节
股骨
膝关节
腓骨
胫骨
踝关节
足骨

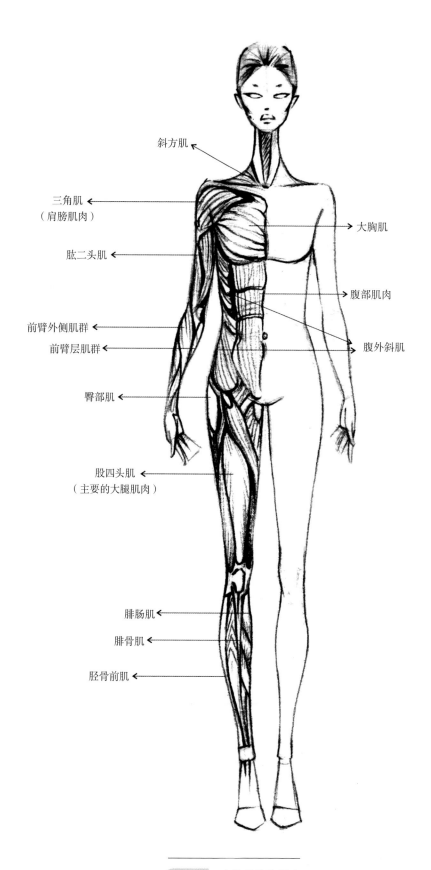

斜方肌

三角肌
（肩膀肌肉）

肱二头肌

前臂外侧肌群

前臂层肌群

臀部肌

股四头肌
（主要的大腿肌肉）

腓肠肌

腓骨肌

胫骨前肌

大胸肌

腹部肌肉

腹外斜肌

图1-4 人体骨骼和肌肉

人体绘画步骤如图1-5所示：

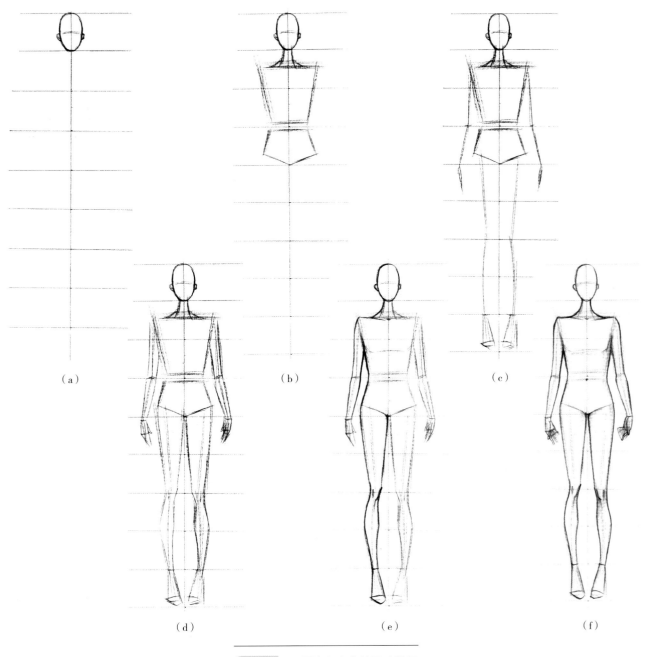

（a） （b） （c）

（d） （e） （f）

图1-5 正面直立人体绘画步骤图

第一步，如图1-5（a），按照分好的人体比例画出头。

第二步，如图1-5（b），画出正面站立动态下的肩、腰、臀三者之间的宽度比例关系以及圆柱形的脖子，其上半身呈现倒梯形和正梯形的外形轮廓。

第三步，如图1-5（c），画出手臂和腿的动态结构线。

第四步，如图1-5（d），画出手臂和腿的肌肉外形轮廓。

第五步，如图1-5（e），检查整体的人体比例和外形轮廓，描绘人体的外轮廓线，通过线条的粗细来强调肌肉和关节部位。

第六步，如图1-5（f），将另一边的人体的外轮廓线描绘出来。

四、常用人体动态分解

学习这一章时要弄清楚"中心线"和"重心线"这两个重要的知识点。由于动态不同，人体的中心线和重心线的关系也会发生变化。

中心线：时装人体是由很多部位关节组合而成的，每个部位都有自己的中心结构线，这也相当于人体的骨架结构线（图1-6）。

重心线：时装人体有动态变化时，从锁骨窝点垂直于地面的线就是人体的重心线，一般情况下，重心线会落在承受力量的脚上。

当人体肩部平行于地面站立时，中心线和重心线是同一条垂直线，这时的重心点落在两只脚之间；当人体肩部向一侧倾斜站立时，中心线和重心线会分离，这时的重心线将会落在靠肩部倾斜的那一边承受力的脚上。

在绘画时装人体时，一般具有"S"形节奏感的人体动态比较生动且有时尚感，这种节奏感下的肩和臀之间呈现一种相互协调的"＜"和"＞"的结构线关系，中心线和重心线会分离，重心线会偏移到"＜"和"＞"符号缩小的方向，如图1-7~图1-11所示，红色的线表示重心线，绿色的线表示中心线。

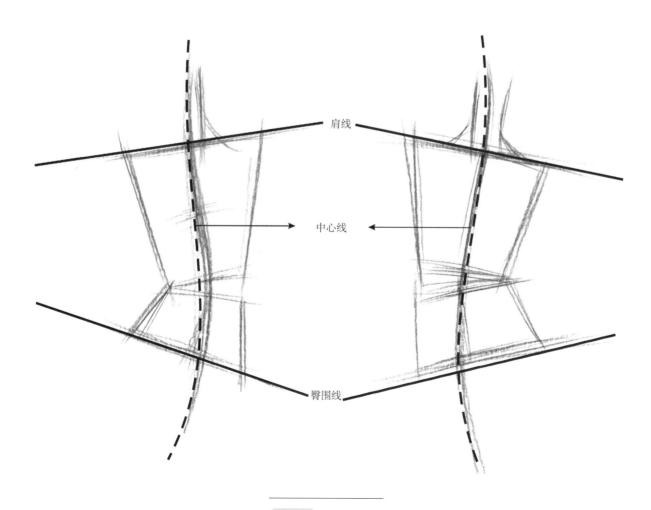

图1-6　人体中心线

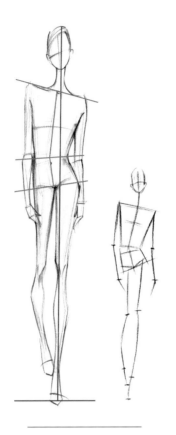

图1-7　不同站姿的
中心线与重心线1

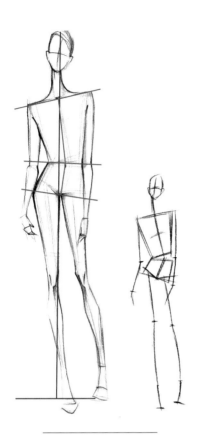

图1-8　不同站姿的
中心线与重心线2

图1-9　不同站姿的
中心线与重心线3

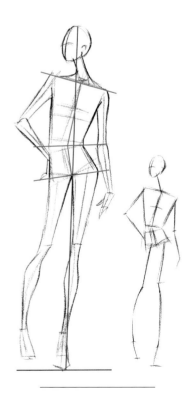

图1-10　不同站姿的
中心线与重心线4

图1-11　不同站姿的
中心线与重心线5

1. 正面站立的动态分析及绘画步骤图

在绘制正面站立的人体动态时，要注意弯曲手臂的画法，肘关节动态点要与人体腰节部位相协调，避免将上手臂画得过短。图1-12与图1-13中，右腿是受力腿，在绘制时要注意结合人体上半身来找受力腿的重心。

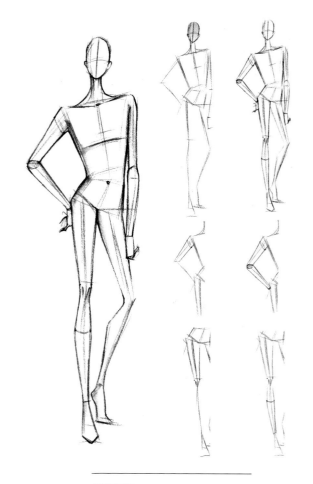

图1-12 正面站立的动态分析

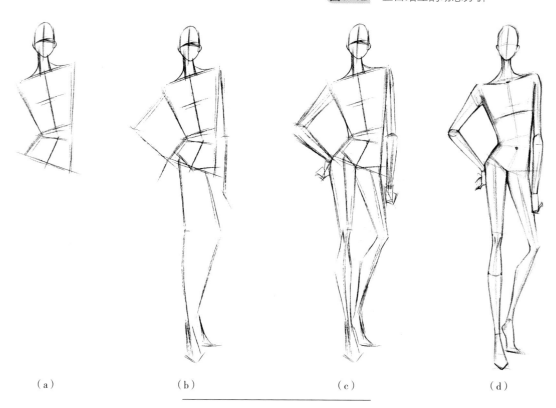

（a） （b） （c） （d）

图1-13 正面站立的动态绘画步骤图

2. 正面走的动态分析及绘画步骤图

在绘制正面走动的人体时，要特别注意两腿在走动状态下的骨骼结构关系（图1-14、图1-15）。

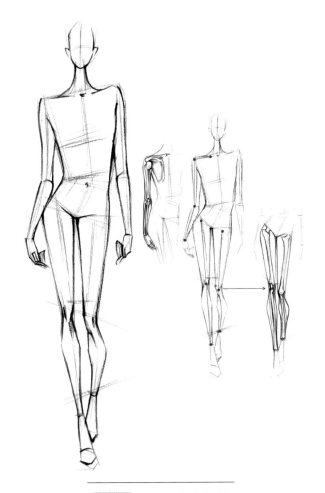

图1-14　正面走的动态分析

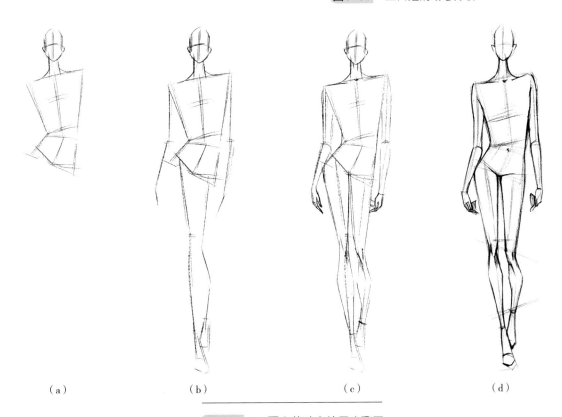

（a）　　　　　　　（b）　　　　　　　（c）　　　　　　　（d）

图1-15　正面走的动态绘画步骤图

3. 1/3侧面的动态分析及绘画步骤图

在绘制1/3侧面人体动态时，可以按照"块面体"的方法将人体的1/3结构关系表现出来，然后再去填充肌肉。在绘制时需注意侧面的颈部、肩部、手臂与人体的透视关系，以及臀部与腿之间的透视结构关系（图1-16、图1-17）。

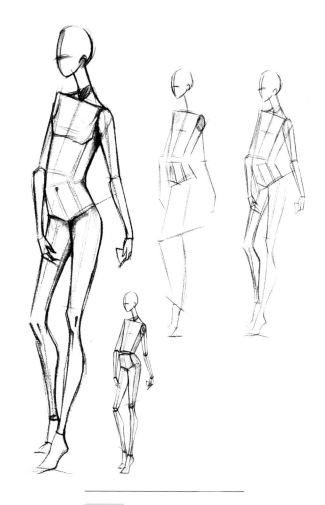

图1-16 1/3侧面的动态分析

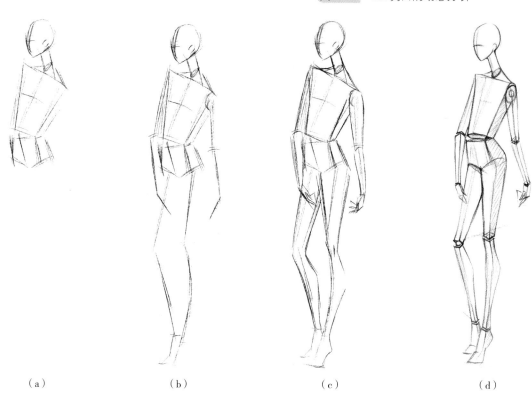

（a）　　　　　（b）　　　　　（c）　　　　　（d）

图1-17 1/3侧面的动态绘画步骤图

第二节 时装效果图人体局部表现

一、面部五官与发型表现

　　时装效果图中人体的脸部可以使画面的整体感觉更加丰富，让服装的风格更加突出明了。在学习绘画时装人体的五官时，应掌握面部的"三庭五眼"的基本法则，再结合所设计的服装风格来表现。在绘制时装人体的面部五官时一定要用相对比较的"简"化的方法去表现，突出表现的部位是眼睛和嘴巴（图1-18）。

1. 眉毛和眼睛的表现

　　眉毛主要分为眉头、眉梢；眼睛是由眼眶、眼睑和眼球三个部分组成，眼睛的外廓型呈现"杏仁型"（图1-19）。在绘画时可以先将眉毛和眼睛的轮廓画出来，用纸笔将其明暗结构关系擦出来，再从上眼睑的眼线开始深入表现眼珠、眉毛的细节质感，步骤详解如图1-20、图1-21所示。眼睛的各种表现如图1-22所示。

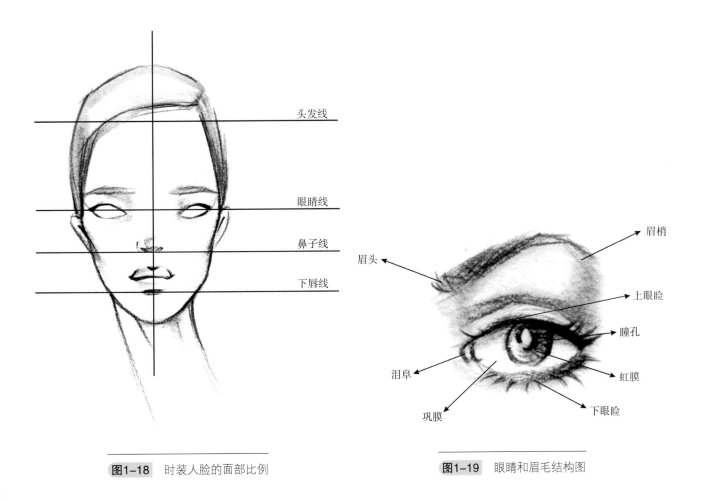

图1-18 时装人脸的面部比例　　　　　　　　**图1-19** 眼睛和眉毛结构图

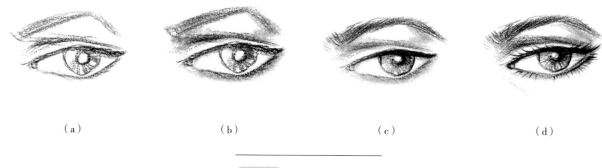

（a） （b） （c） （d）

图1-20 眼睛绘画步骤图1

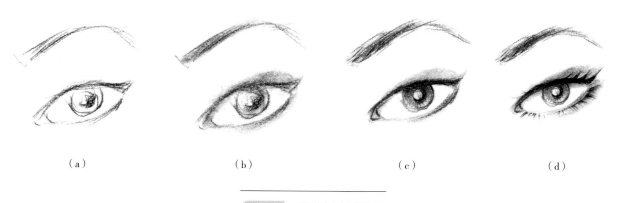

（a） （b） （c） （d）

图1-21 眼睛绘画步骤图2

图1-22 眼睛的各种表现

2. 鼻子和耳朵的表现

　　绘制鼻子的时候，可以将重点放在对鼻子底部的绘制，鼻梁可以简化或者不画，步骤详解如图1-23、图1-24所示。耳朵的位置在眉线和鼻子底线之间，也可简化地表现。

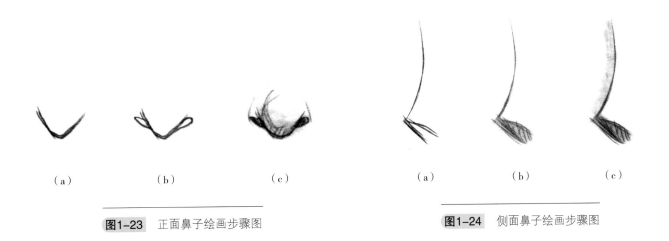

（a）　　　　　　　（b）　　　　　　　（c）　　　　　　　　　　　　（a）　　　　　　　（b）　　　　　　　（c）

图1-23　正面鼻子绘画步骤图　　　　　　　　　　　　**图1-24**　侧面鼻子绘画步骤图

3. 嘴巴的表现

　　上嘴唇结构和嘴角是嘴巴的主要特征，在绘制时不要将嘴唇轮廓线刻画的过于生硬，应当结合明暗虚实的表现关系来绘制嘴巴的结构关系，步骤详解如图1-25、图1-26所示。

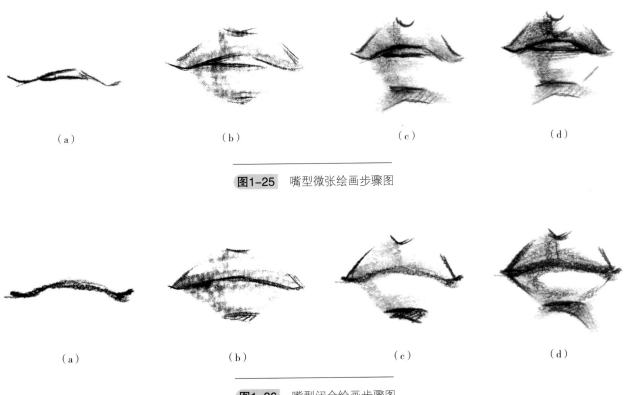

（a）　　　　　　　　（b）　　　　　　　　（c）　　　　　　　　（d）

图1-25　嘴型微张绘画步骤图

（a）　　　　　　　　（b）　　　　　　　　（c）　　　　　　　　（d）

图1-26　嘴型闭合绘画步骤图

4. 头发的表现

发型和面部、服装搭配的整体感觉是突出服装风格的重要表现环节。面对丝丝缕缕的头发，要将其作为一个整体并分出一些面和层次关系去表现，再运用线条的"粗与细"、"虚与实"去表现头发的里外和前后以及上下的层次质感（图1-27）。不同发型的步骤如图1-28~图1-30所示。发型的各种表现如图1-31所示。

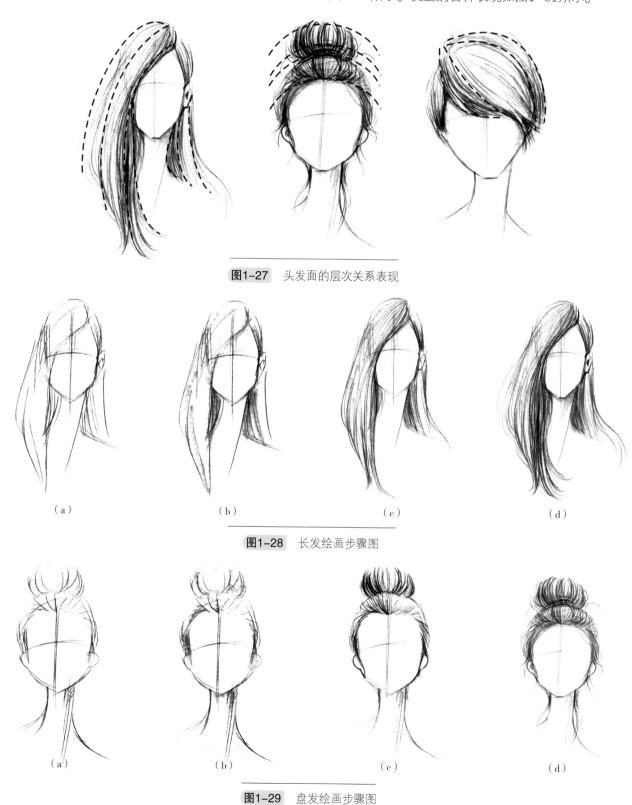

图1-27 头发面的层次关系表现

（a）　　　　　（b）　　　　　（c）　　　　　（d）

图1-28 长发绘画步骤图

（a）　　　　　（b）　　　　　（c）　　　　　（d）

图1-29 盘发绘画步骤图

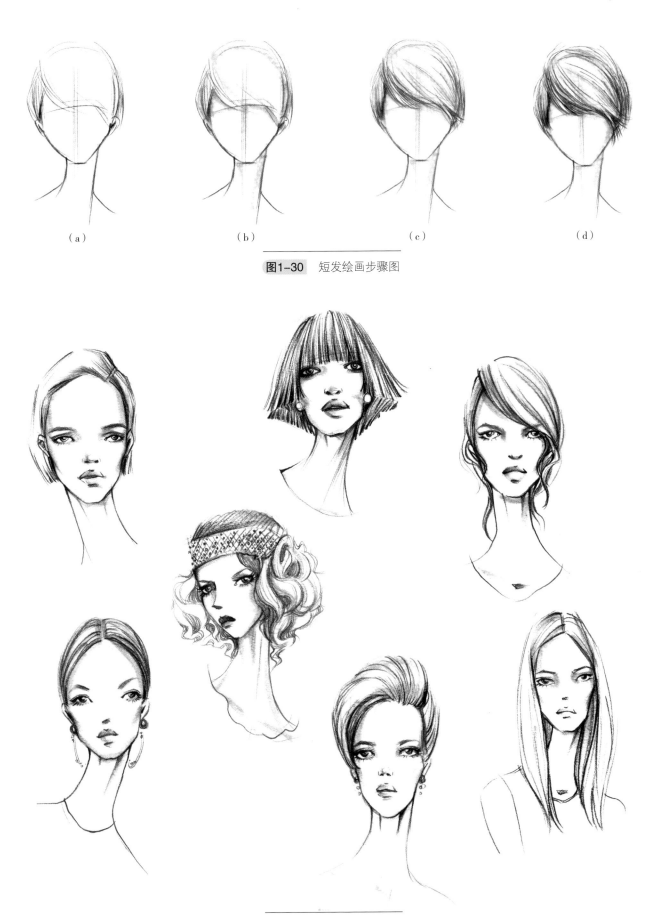

（a） （b） （c） （d）

图1-30 短发绘画步骤图

图1-31 发型的各种表现

二、手与脚的表现

人体的手和脚对于时装人体以及服装效果的表现也起到重要的作用。在绘制时可采用简洁明了并有一定优美节奏感的线条来表现。

1. 手的表现

画手时一定要熟练掌握三个部分的关系，分别是腕骨、掌骨和指骨（图1-32）。常用的手部绘画步骤如图1-33~图1-35所示。手的各种表现如图1-36所示。

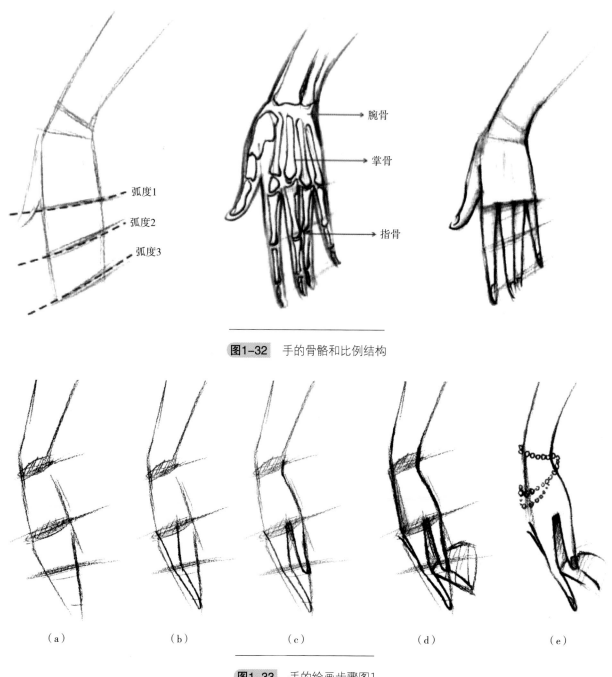

图1-32 手的骨骼和比例结构

（a）　　　　　（b）　　　　　（c）　　　　　（d）　　　　　（e）

图1-33 手的绘画步骤图1

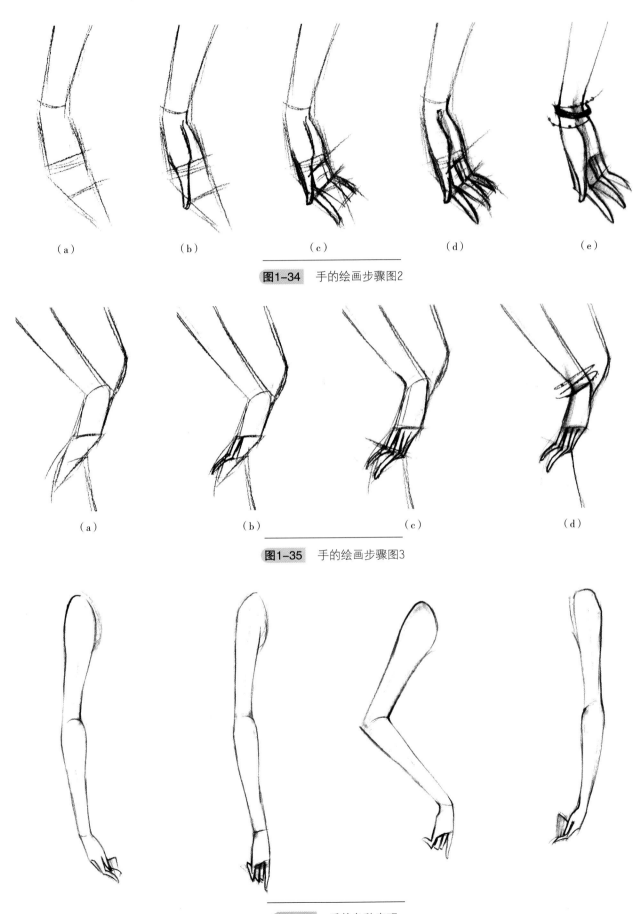

（a）　　　　　　（b）　　　　　　（c）　　　　　　（d）　　　　　　（e）

图1-34　手的绘画步骤图2

（a）　　　　　　　（b）　　　　　　　（c）　　　　　　　（d）

图1-35　手的绘画步骤图3

图1-36　手的各种表现

2. 脚的表现

　　注意脚踝、脚趾、脚掌和脚跟这几个部位的关系，在绘制脚时一般会连同鞋子一起进行表现。脚的绘画步骤如图1-37、图1-38所示。脚的各种表现如图1-39、图1-40所示。

（a）

（b）

（c）

图1-37 脚的绘画步骤图1

（a）

（b）

（c）

图1-38 脚的绘画步骤图2

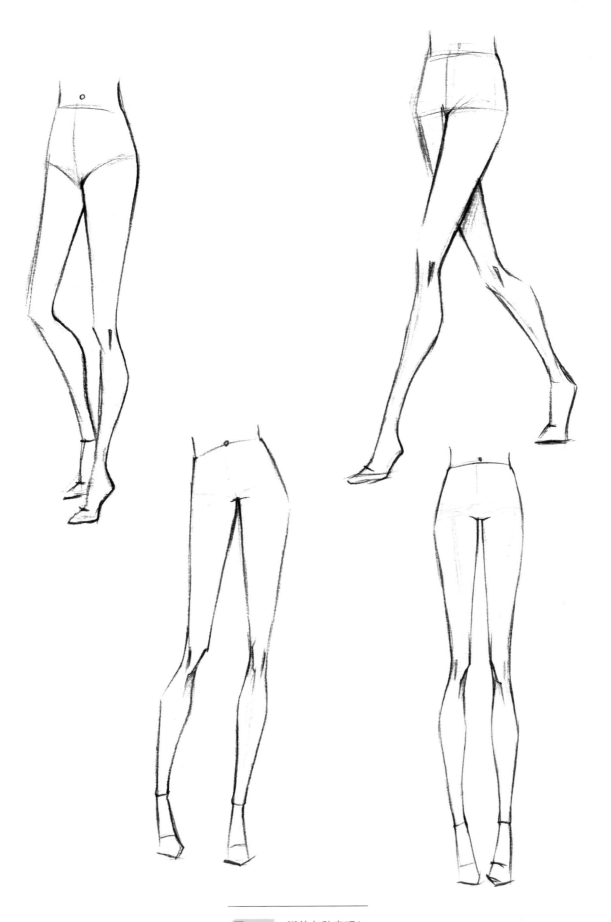

图1-39 脚的各种表现1

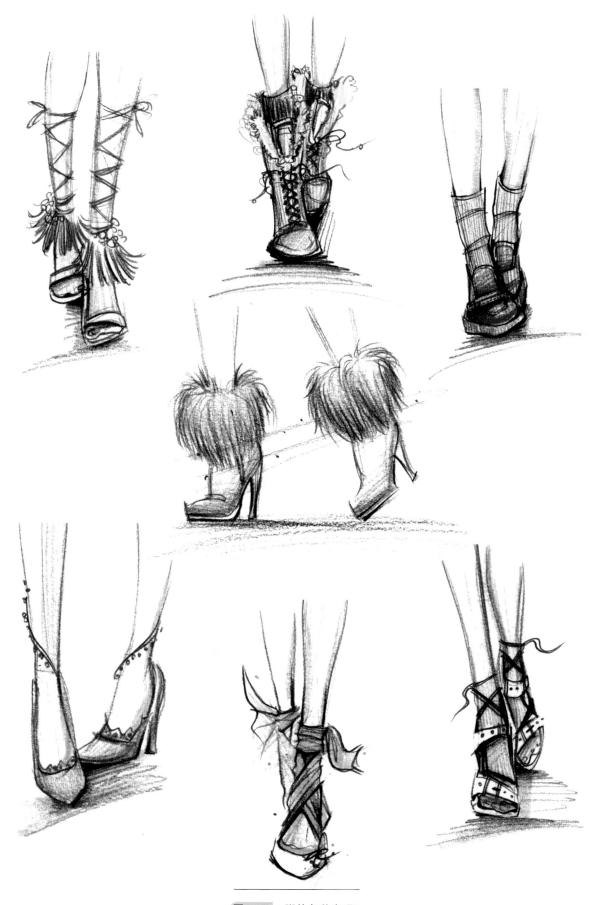

图1-40 脚的各种表现2

三、配饰的表现

在时装效果图绘画中，除了表现服装，配饰也是不可或缺的重要组成部分，并和人体动态、服装的表现融为一个整体。图1-41为在不同动态下各类配饰与人体之间的表现关系效果图。

图1-41 配饰的各种表现

第二章

时装效果图中人体着装后的表现

表现技法

课题名称： 时装效果图中人体着装后的表现

课题内容： 服装廓型与人体之间的表现关系
服装内部款式结构细节和衣褶的表现
如何将时装秀场上的照片转化为时装效果图

课题时间： 8学时

训练目的： 本章节的学习使学生了解并熟悉时装效果图中人体着装后的表现技巧，熟练掌握服装
款式的结构细节和衣褶的表现技巧，并引导学生如何将时装秀场上的照片转化为时装
效果图的练习训练中，使学生对时装效果图有全面的认识和练习，为后续课程学习做
好准备。

教学要求： 1. 熟悉服装廓型与人体之间的表现关系。
2. 熟练掌握服装上装和下装内部款式结构细节和衣褶的表现。
3. 熟练掌握如何将时装秀场上的照片转化为时装效果图，以及如何夸张人体动态比例
　　技巧和着装表现技巧。

课前准备： 查阅与时装效果图绘画相关的书籍和图片资料，观看时装秀场视频资料。准备上课需
要的纸和笔。

第二章
02
时装效果图中人体着装后的表现

第一节 服装廓型与人体之间的表现关系

时装设计师在设计服装的时候一般会从服装的廓型和内部结构细节这两个方面来着手设计，一张完整时装效果图才能够充分地表达出款式风格的设计特点，所以在绘画时装效果图时，不要一开始就拿笔去画款式，而是要认真仔细地观察所画服装款式的廓型和内部细节的特征、款式与人体之间的关系，弄清楚这些再开始绘制时装效果图。

服装廓型是服装整个外轮廓的形状，是服装设计构思的基础。服装的廓型变化主要是以参考人体的肩、胸、腰、臀的起伏变化作为服装造型变化的依据，目前国际上主要以字母分出了五个廓型，分别是X型、H型、O型、T型、A型，另外也包括一些由基本廓型延伸而来的服装廓型（图2-1、图2-2）。

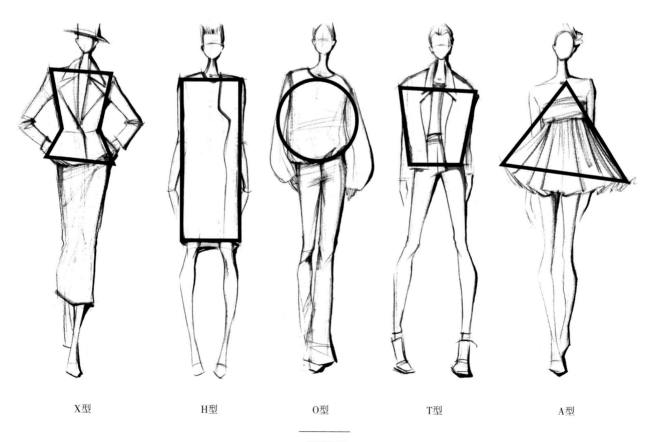

X型　　　　H型　　　　O型　　　　T型　　　　A型

图2-1

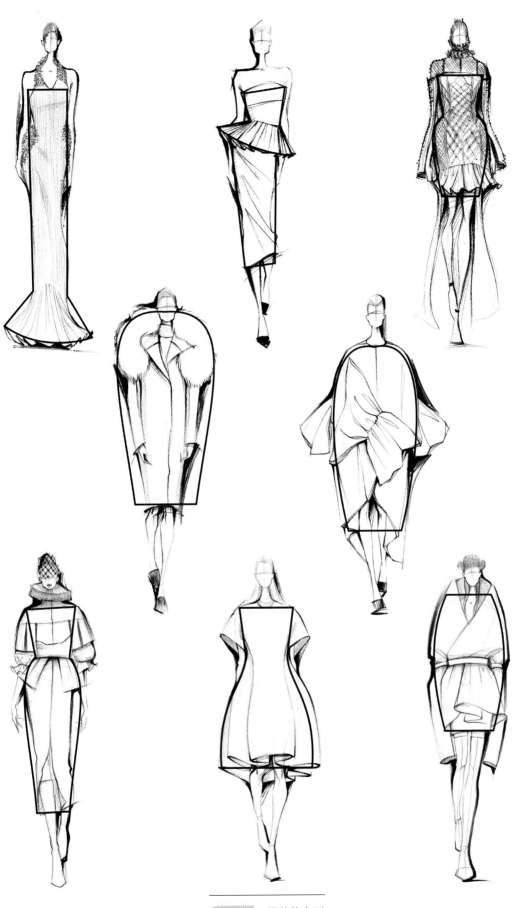

图2-1 服装的廓型

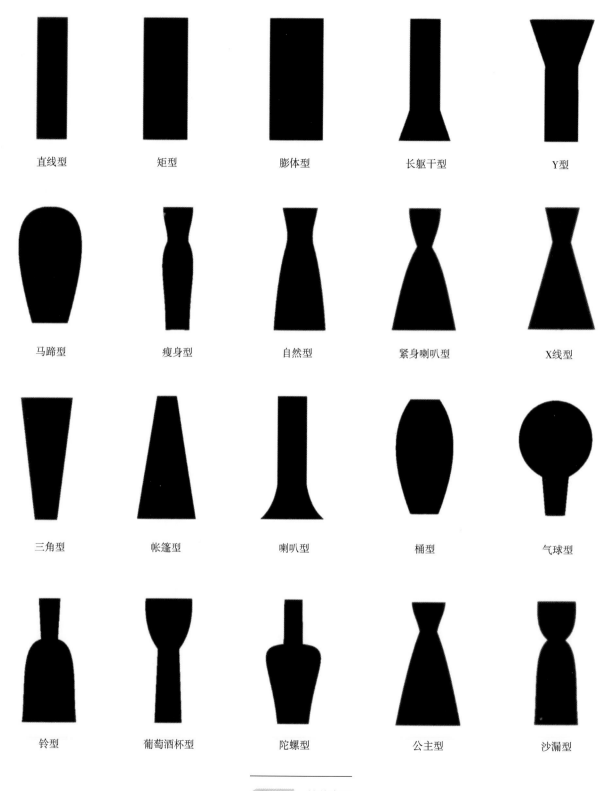

直线型　　　矩型　　　膨体型　　　长躯干型　　　Y型

马蹄型　　　瘦身型　　　自然型　　　紧身喇叭型　　　X线型

三角型　　　帐篷型　　　喇叭型　　　桶型　　　气球型

铃型　　　葡萄酒杯型　　　陀螺型　　　公主型　　　沙漏型

图2-2　其他廓型

　　绘制穿着于人体上的服装款式，一定先要对服装廓型进行了解，不同的服装廓型与人体之间的空间距离感是不同的，在画面中的服装效果也是不同的。因此，充分地观察了解服装廓型，就能够抓住每件衣服的款式特征，这对于绘画时装效果图和了解服装设计的基础知识也是很有帮助的（图2-3~图2-12）。

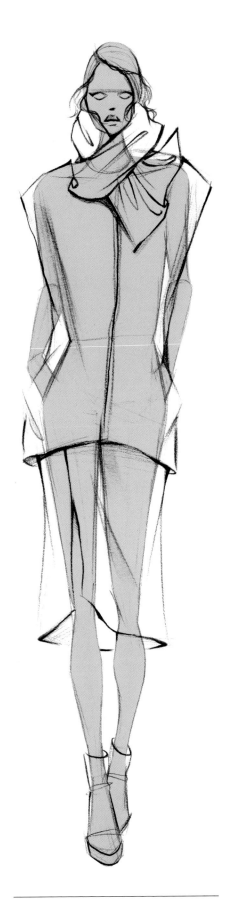

图2-3　服装廓型与人体的表现关系1

图2-4　服装廓型与人体的表现关系2

图2-5　服装廓型与人体的表现关系3

图2-6　服装廓型与人体的表现关系4

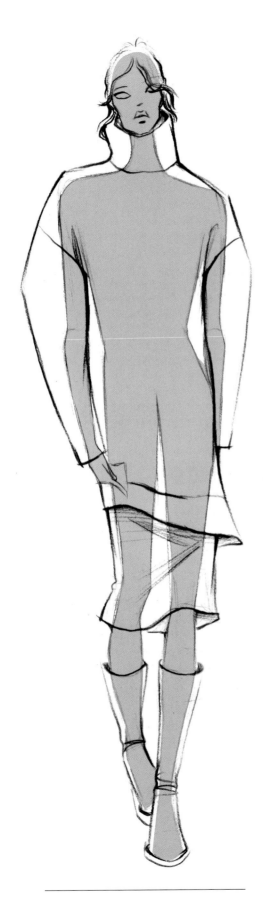

图2-7 服装廓型与人体的表现关系5

图2-8 服装廓型与人体的表现关系6

图2-9　服装廓型与人体的表现关系7

图2-10　服装廓型与人体的表现关系8

图2-11　服装廓型与人体的表现关系9

图2-12　服装廓型与人体的表现关系10

第二节　服装内部款式结构细节和衣褶的表现

服装款式内部结构和衣褶的细节比较多且复杂，绘画时要学会对比较复杂的细节加以提炼或简化，同时还要考虑到人体的肌肉和动态关系以及面料的材质细节等问题。

一、上装款式细节和衣褶的表现（图2-13）

1. 领

衣领接近头部，是上衣设计的重点。在绘画时，要注意表现出领口绕过圆柱体脖子的结构层次感觉；根据领子形状的设计变化，如果有款式涉及肩和胸部，还要注意与胸部结构的层次感。

2. 门襟

门襟的绘制一定要注意胸部衣褶表现和衣服下摆的关系，线条的表现要考虑面料材质的感觉，更多的是在直线中带有弧线的变化，这样会显得比较自然。

3. 袖子

绘制袖子时，要对袖子的款式有比较详细的了解，特别是袖山高、袖肥和袖长。通过线条来表现袖子外形轮廓与人体手臂的关系，以及肘部和腕关节的衣褶细节。

4. 腰

腰部的褶皱要注意人体动态、面料之间的空间关系，当面料比较贴身且动态明显时，其腰部褶皱明显；当面料比较宽松且动态不明显时，其腰部褶皱不大明显。

各类款式上衣的细节与衣褶表现如图2-14所示。

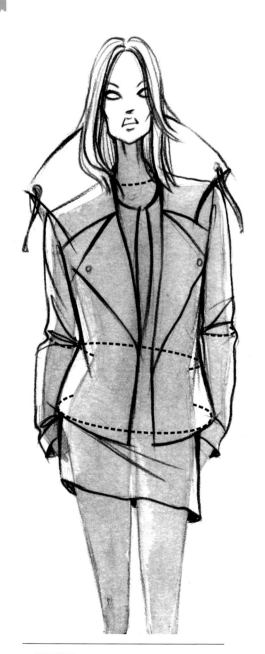

图2-13　上衣款式细节与衣褶表现
（虚线部分是表示容易产生褶皱的部位）

图2-14　各类款式上衣的细节与衣褶表现

二、下装款式细节和衣褶的表现

1. 裤子

　　裤子的褶皱主要体现在臀、膝关节、踝关节这三个主要的关节部位（图2-15）。其中膝关节的衣褶表现相对比较复杂，但是有规律。当款式比较合体紧身时衣褶就比较明显，当款式宽松且面料材质比较硬挺时衣褶就不是很明显。另外需要注意的是，不要为了表现裤子的衣褶而忽略款式造型（图2-16）。

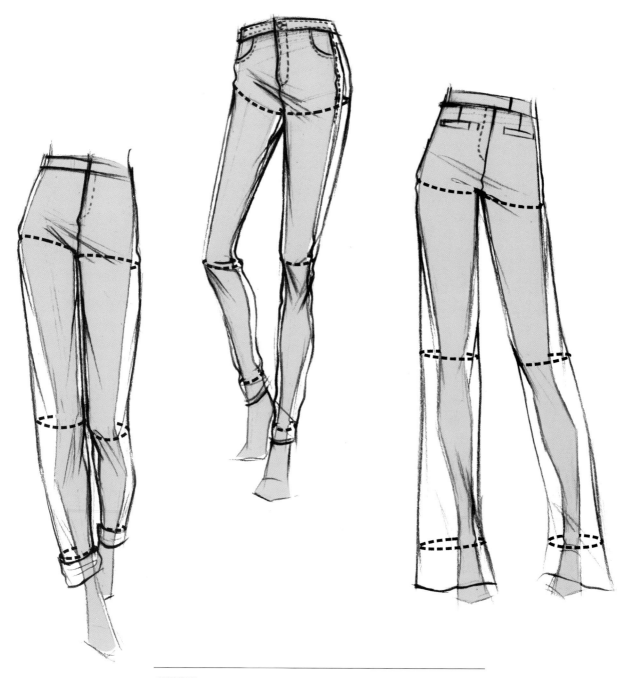

图2-15　裤子褶皱表现（虚线部分是表示容易产生褶皱的部位）

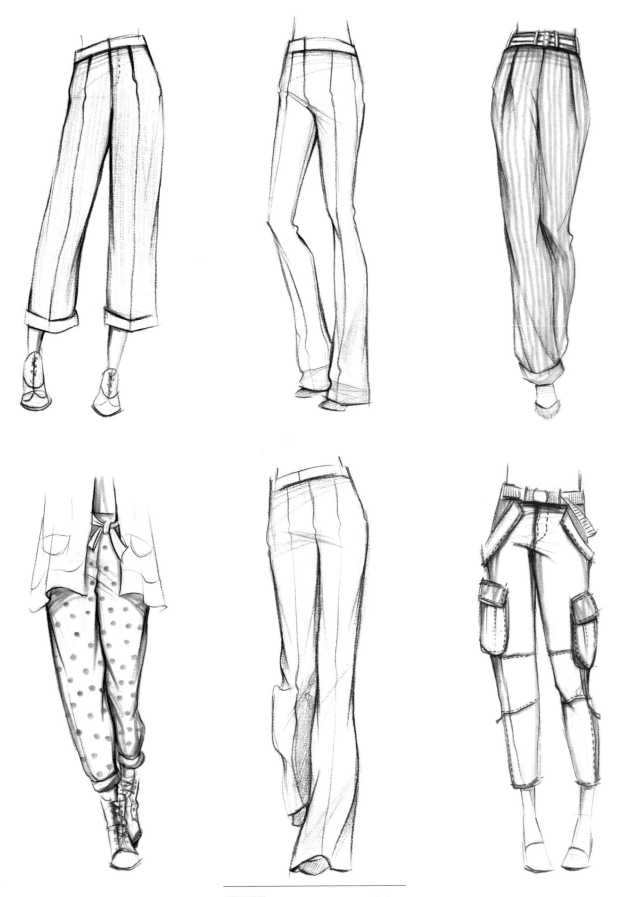

图2-16 各类裤子的衣褶细节表现

2. 裙子

　　裙子有合体紧身和宽松的款式，一般宽松的款式多有褶的工艺细节表现。在绘制裙子时要注意下摆，不管裙子的下摆围度有多大或多小，都要表现其"圆弧形"的轮廓造型，即便是有很多褶的变化，也要顺着圆弧的轮廓造型来绘制（图2-17）。各类裙子的衣褶细节表现如图2-18所示。

图2-17 裙子下摆圆弧形轮廓造型

图2-18　各类裙子的衣褶细节表现

第三节　如何将时装秀场上的照片转化为时装效果图

　　对时装秀场上的照片写生练习时装效果图是非常有效的学习方法之一。但是对着时装秀场照片进行写生练习的时候，要做到将服装中复杂的细节尽量简化，简单的细节尽量精细化，并抓住每件服装的设计风格，在人体或服装的细节上稍加夸张的表现手法。图2-19中将有设计细节的腰带部分和膝关节部分的褶皱简化表现。图2-20中上身的服装和饰品的细节表现和膝关节部分的褶皱简化表现。

图2-19　照片转化为时装效果图1

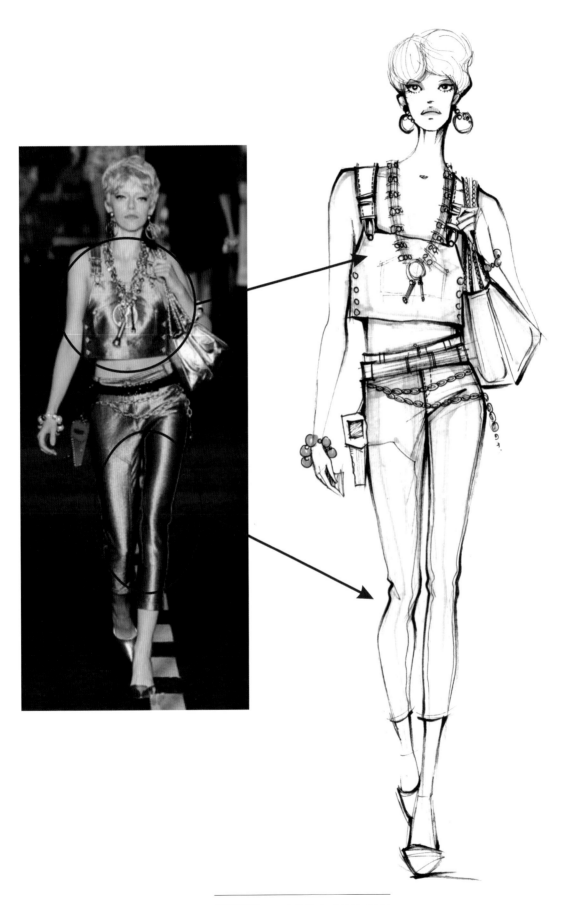

图2-20　照片转化为时装效果图2

一、夸张人体动态

　　夸张且生动的时装人体动态会使得着装后的时装效果图看上去比较有时尚节奏感，但这种动态上的夸张还是要遵循人体动态变化规律，一般具有"S"形节奏感的人体动态下的肩部和臀之间呈现一种相互协调的"＜"和"＞"的结构线关系。如果看到有些时装照片上的人体动态不太明显，可以通过受力支撑腿的确定来反推臀、腰、肩这三者之间的结构线关系。如图2-21和图2-22中相对合体和宽松的款式都要注意肩、腰、臀三者之间的节奏感，人体动态可以比照片动态幅度夸张。

图2-21　照片转化为时装效果图3

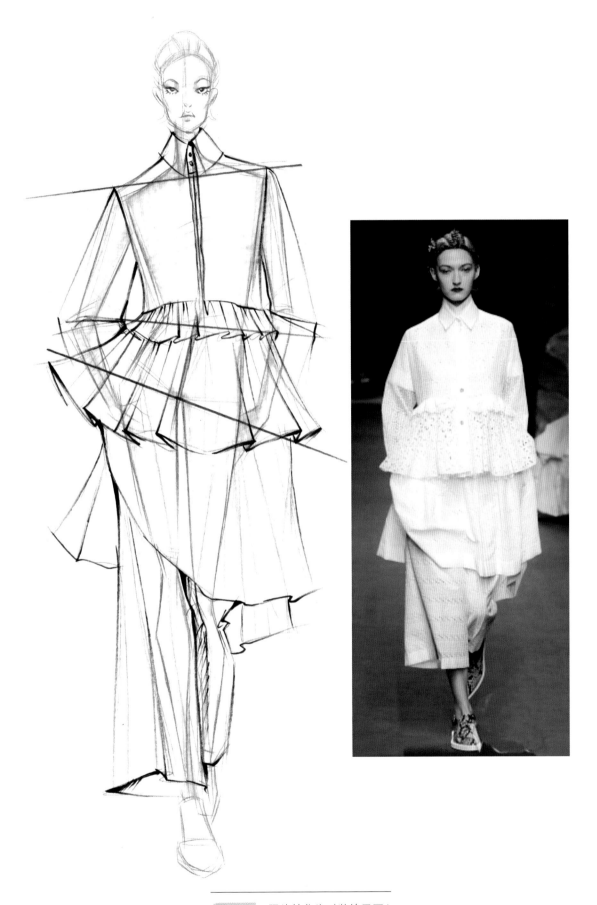

图2-22　照片转化为时装效果图4

二、着装表现技巧

着装上的表现可以从两个方面去观察，一方面是服装的廓型特点，另一方面是服装的内部款式细节。夸张的表现主要是针对服装的款式和廓型中比较突出的部分进行夸张，一些五官、头发和配件也是夸张的

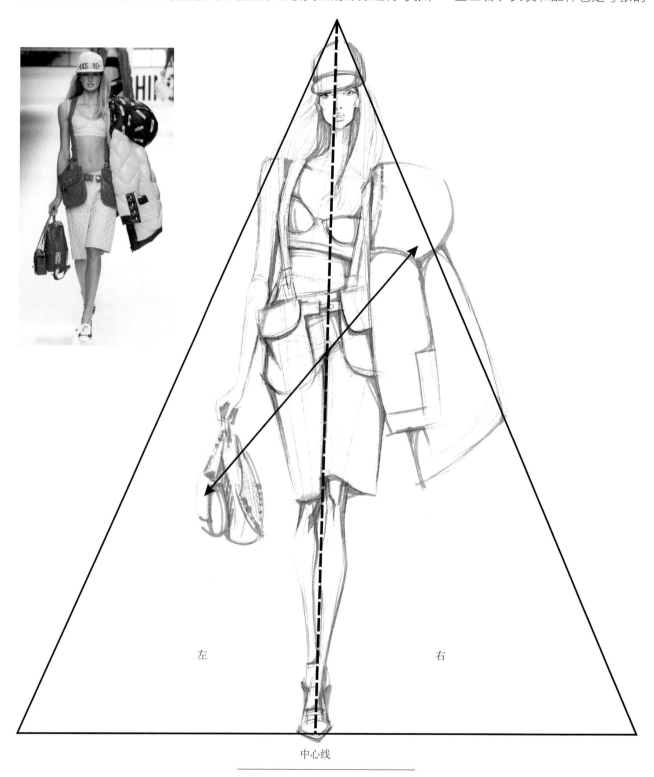

左　　　　　　　　　　　　　右

中心线

图2-23　照片转化为时装效果图5

对象。在绘制表现时还要注意服装整体廓型细节的平衡协调感，这种平衡协调感主要体现在以人体中心线为主的"左右"和"对角"上，使画面看上去即有整体风格又有细节上的生动。图2-23中手包和披肩棉袄的表现要注意保持画面的平衡感，头发可以向相对少的一边去表现。图2-24中裙摆的夸张要和人体动态相协调。

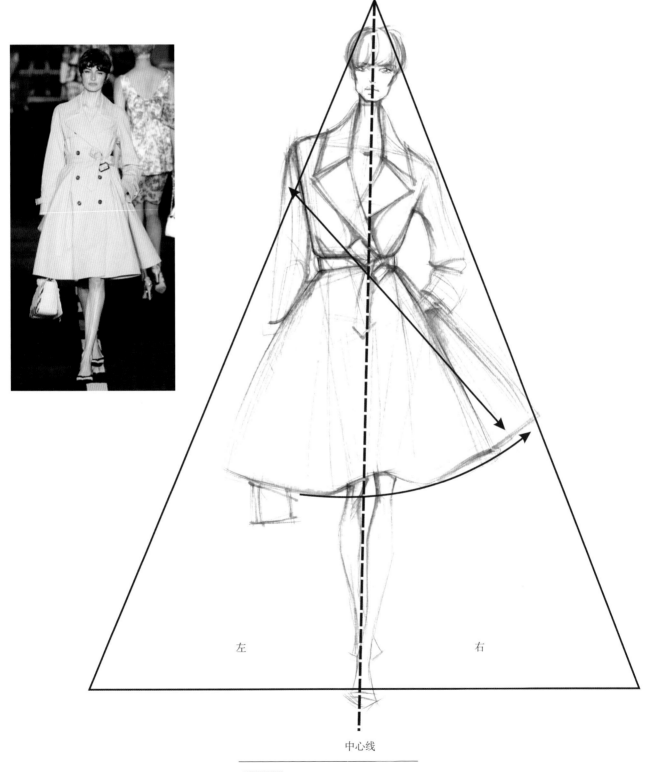

左　　　　　　　　　　　　　　右

中心线

图2-24 照片转化为时装效果图6

具体步骤详解如图2-25、图2-26。

图2-25 照片转化为时装效果图7

（a）

（d）

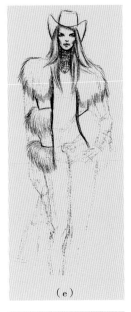

（e）

（a）画出人体动态和五官发型，注意人体比例协调且有节奏感。

（b）从门襟开始画上衣，注意毛质的方向性和虚实表现。

（c）裤子从内侧缝开始画，注意款式和人体的空间感以及衣褶细节。

（d）用较软的铅笔去加重细节。

（e）画上衣毛的材质细节。

（f）描绘裤子的线条，通过线条粗细和轻重表现关节部位的衣褶细节。

（g）将毛马甲的质感画出来，注意细节层次感。

（h）画出毛衣的肌理细节。

（i）再次强调衣服的暗面，使衣服的层次感更加鲜明。

（g）

（i）

（b）

（c）

（f）

（h）

图2-26 照片转化为时装效果图7的步骤图

　　画效果图大体上分为四个步骤：画人体——画服装——线条表现——服装款式细节表现（图2-27~图2-38）。

图2-27　照片转化为时装效果图8

（a）

（b）

（c）

（d）

图2-28　照片转化为时装效果图8的步骤图

图2-29 照片转化为时装效果图9

（a）

（b）

（c）

（d）

图2-30 照片转化为时装效果图9的步骤图

图2-31 照片转化为时装效果图10

（a）

（b）

（c）

（d）

图2-32 照片转化为时装效果图10的步骤图

图2-33 照片转化为时装效果图11

（a）

（b）

（c）

（d）

图2-34　照片转化为时装效果图11的步骤图

图2-35 照片转化为时装效果图12

（a）　　　　　　　　　　（b）

（c）　　　　　　　　　　（d）

图2-36 照片转化为时装效果图12的步骤图

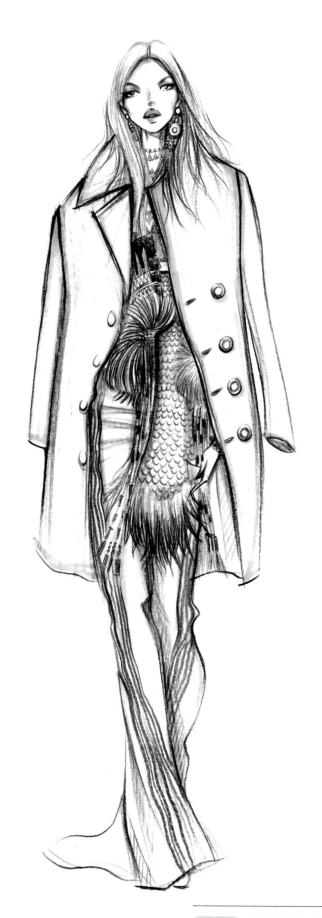

图2-37 照片转化为时装效果图13

（a）　　　　　　　　　　（b）　　　　　　　　　　（c）　　　　　　　　　　（d）

图2-38 照片转化为时装效果图13的步骤图

第三章

以线描表现形式为主的
手绘时装效果图表现技巧

表现技法

课题名称： 以线描表现形式为主的手绘时装效果图表现技巧

课题内容： 手绘时装效果图中的形式美法则
手绘时装效果图的表现技巧

课题时间： 8学时

训练目的： 本章节的学习是使学生了解并熟悉时装效果图中形式美法则相关理论知识以及相关的作品，熟悉掌握铅笔和针管笔在时装效果图中的表现技巧。引导学生重点深入了解时装效果图中线条的形式美和表现技巧，有助于时装效果图绘画表现技巧的进一步提升。

教学要求： 1. 熟悉手绘时装效果图中点、线、面的形式美法则。
2. 熟悉时装效果图中线条的形式美。
3. 熟练掌握手绘时装效果图中铅笔和针管勾线笔的表现技巧。

课前准备： 查阅相关线描的书籍和图片资料，观看时装秀场视频资料。准备上课需要的纸、铅笔和针管笔。

以线描表现形式为主的手绘时装效果图表现技巧

第一节 手绘时装效果图中的形式美法则

　　线介于点和面之间，线是具体的，有粗线和细线之分、直线和弧线之分，因此线也是有情感的，在时装效果图的表现形式中占有非常重要的位置。在学习时装效果图时，设计绘画者一定要学会通过线条来表现服装款式材质、人体动态关系。

　　形式美法则是人类在创造美的形式、美的过程中对美的形式规律的经验总结和抽象概括。主要包括：对称均衡、单纯齐一、调和对比、比例、节奏韵律和多样统一。研究、探索形式美法则，能够培养人们对形式美的敏感，指导人们更好地去创造美的事物。掌握形式美法则，能够使人们更自觉地运用形式美法则表现美的内容，达到美的形式与美的内容高度统一。时装效果图中一样存在着形式美法则，一张好的时装效果图，其表现技法不限，但是整体感觉里面的款式细节、色彩的表现既有对比变化又有整体协调；节奏感的表现是时装效果图中最为突出的表现形式，这里面也蕴含着比例、平衡。因此，学会欣赏和临摹一些好的时装效果图和时装插画，对学习时装效果图是非常有必要的。

一、时装效果图中点、线、面的表现形式

　　点是最活跃的，其存在的方式具有多样性。在平面构成中点的存在有一定的相对性，通过与周边事物比较才能显示出来。在服装款式中的扣子、线迹、面料肌理等都可以视作点的元素，在时装效果图表现时也要去寻找这些点的细节（图3-1）。绘画者通过在运用笔、纸、颜料表现时装画的过程中，可以使画面带有偶发性的肌理细节点的感觉。

　　线是点的移动轨迹，具有位置、方向、粗细和长短之分，因此在设计中起非常重要的作用。在服装中，款式的外廓型，内部的省道、褶皱，面料飘动的质感都具有线的感觉。线是有情感的，在时装效果图中常用直线和曲线、粗线和细线的变化来表现服装款式以及服装款式与人体之间的关系（图3-2）。

桑德拉·瑟伊（Sandra Suy）作品

凯特·帕尔（Cate Parr）作品

卡罗尔·威尔姆（Carole Wilmet）作品

图3-1　具有点的细节元素的时装插画表现

森泉千亚纪作品

大卫·当顿（Darid Downton）作品

伊扎克·祖鲁（Izak Zenou）作品

图3-2　以线为主要元素的时装插画表现

面是介于点和线之间的，点和线的无限放大或重复堆积都会形成面的感觉。色彩的对比会突出面的感觉，这在服装中经常出现，因此在时装效果图中常以色彩的表现来寻找面的感觉（图3-3）。

图3-3 以面为主要元素的时装插画表现

　　在时装效果图中，点、线、面的关系往往是并存的。当看到一张效果图时，首先会看到的是几个色彩面的感觉，接下来会看到线的轮廓和细节感，最后品味的是点呈现出的生动的细节感。因此，良好的敏感度和观察力是非常重要的，无论是初步学习时的临摹写生练习还是自我的创作设计，都要将这些元素与服装紧密结合在一起并遵循形式美法则去考虑和表现。

二、时装效果图中线的形式美

　　线对于时装效果图而言有着特殊的意义。无论是设计师根据最初的灵感表达所绘制的设计草图，还是确定设计稿绘制的完美时装效果图，都是蕴含很多线的表达形式。线最基本的分类有直线和曲线，折线是介于直线和曲线之间的表现形式，这三种线在时装效果图中运用的最多。线是有情感的，例如，直线具有直率、向前的感觉；曲线具有变化、内涵的感觉；而折线具有紧张、意外的感觉。服装款式廓型和面料也是有情感的，因此，要学会运用这些线来表达所要表现对象，最终目的就是要表达设计者的设计情感（图3-4）。

　　在时装效果图中线最常用的形式美法则就是节奏与韵律（图3-5），节奏最初为音乐术语，轻重缓急形成了节奏，形式具有一定规律的反复性，具有重要性的美感；韵律形式的反复不流动规律，但具有性的美感。节奏是简单的韵律，韵律是节奏的丰满。在时装效果图中不管是运用平滑的弧线，还是变化多样的直线和折线，都要学会将节奏所表现出的次序以及韵律所表现出的生动情感运用在线条当中。

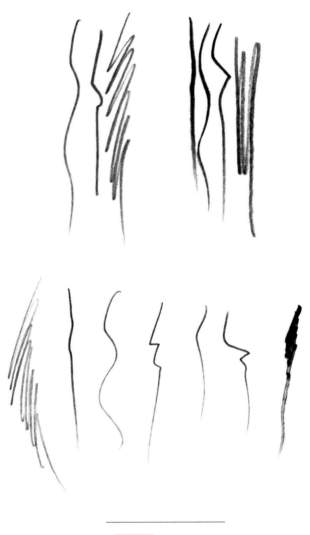

图3-4　不同的线条

节奏

韵律

图3-5　线条中的节奏和韵律

第二节　手绘时装效果图的表现技巧

一、铅笔线描的表现技巧

在用铅笔绘制时装效果图时，可以选用B或2B的铅笔来画形，然后用4B或6B的来描线，也可以用黑色彩色铅笔或炭铅笔来描线，可以根据个人的习惯来选择（图3-6）。不同铅笔绘制的时装效果图如图3-7~图3-18所示。

图3-6　铅笔和黑色彩色铅笔

图3-7　表现工具：炭铅笔

图3-8　表现工具：铅笔1

图3-9 表现工具：铅笔2

图3-10 表现工具：铅笔3

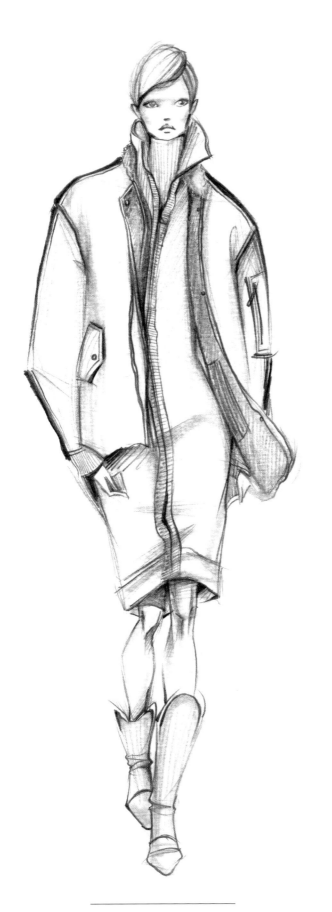

图3-11　表现工具：铅笔4

图3-12　表现工具：黑色彩色铅笔1

图3-13 表现工具：黑色彩色铅笔2

图3-14 表现工具：黑色彩色铅笔3

图3-15　表现工具：黑色彩色铅笔4　　　　　　**图3-16**　表现工具：黑色彩色铅笔5

图3-17 表现工具：黑色彩色铅笔6

图3-18 表现工具：黑色彩色铅笔7

二、针管笔与书法笔的表现技巧

　　针管笔的号型比较多，可以先用铅笔将着装的型画好，然后再用针管笔描绘服装的轮廓细节线。可选用0.05号型、0.1号型和0.3号型的笔来画五官、头发和皮肤；选用0.5号型和0.8号型的笔来画服装。也可以用书法笔来勾线（图3-19）。针管笔和书法笔绘制的时装效果图如图3-20~图3-31所示。

图3-19　不同号型的针管笔和书法笔

图3-20 表现工具：针管笔1   **图3-21** 表现工具：针管笔2

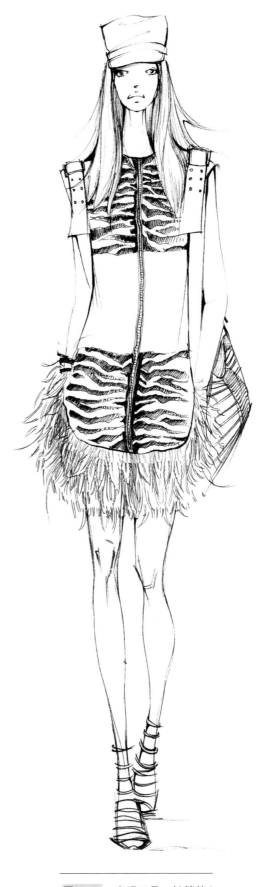

图3-22 表现工具：针管笔3

图3-23 表现工具：针管笔4

图3-24 表现工具：针管笔+大号书法笔1　　　　　**图3-25** 表现工具：针管笔+大号书法笔2

图3-26 表现工具：针管笔+大号书法笔3

图3-27 表现工具：针管笔+大号书法笔4

图3-28　表现工具：针管笔+大号书法笔5

图3-29　表现工具：小号书法笔+针管笔1

图3-30　表现工具：小号书法笔+针管笔2　　　　**图3-31**　表现工具：小号书法笔+针管笔3

第四章

时装效果图中服装着色的表现技巧

表现技法

课题名称： 时装效果图中服装着色的表现技巧

课题内容： 时装效果图中的色彩搭配设计表现
不同面料材质的表现
时装效果图中常用工具的表现技法

课题时间： 8学时

训练目的： 本章节主要是对时装效果图进行着色表现，通过学习使学生理解并掌握时装效果图中的色彩搭配设计表现知识和技巧，在绘制时装效果图时能够把握好服装色彩整体风格表现，熟练掌握不同面料材质的表现技巧，以及常用的绘制时装效果图工具的表现技巧，引导学生能够更加深入和细致地绘制时装效果图。

教学要求： 1. 熟悉时装效果图中的色彩搭配设计表现的理论知识和技巧。
2. 熟练掌握不同面料材质的表现技巧。
3. 熟练掌握时装效果图中水彩、彩色铅笔、马克笔的表现技法。

课前准备： 查阅相关线描的书籍和图片资料，观看时装秀场视频资料。准备上课需要的纸和笔。

第四章

04

时装效果图中服装着色的表现技巧

第一节　时装效果图中的色彩搭配设计表现

　　色彩是先于款式和面料的，容易被观者所看到。一张好的时装效果图，其色彩搭配也很重要。本书将讲述三种色彩搭配的方法，在搭配过程中一定要注意色彩深、灰、浅的层次感。

一、根据设计名师的配色方案来搭配

　　设计师的服装配色方案都比较经典，反映时下流行趋势且深受市场的喜爱（图4-1、图4-2）。可以选择与自己设计服装风格相似的大师作品的色彩搭配作为参考，提取其色标，用于自己的设计作品中（图4-3）。

图4-1

图4-1　2014年秋冬Prada的部分系列服装的配色

图4-2　2015年春夏Valentino的部分系列服装的配色

　　图4-3中的系列是徐泽麟同学设计的作品，根据秀场上不同设计师的设计作品分析，总结发现橙色是2015年秋冬流行色，因此该同学结合救护、运动休闲的设计主题风格选用了橙色作为本系列的主色。

秋季橙色 色彩

秋季橙色流露暖意，其强劲出众的色彩特质也能提亮冬季单品。鲜明惹眼的色泽适合应用在滑雪或户外单品上；如星火闪烁的色调则在高端绸缎和功能性机织物上营造双色调效果。

Christopher Raeburn　　　　Moschino　　　　Andrea Crews　　　　Kenzo　　　　Hunter Original

图4-3 徐泽麟同学设计的作品

二、根据流行趋势提供的色卡来搭配

设计资讯网站上提供的色彩流行趋势分析报告也可以作为自己设计作品的参考（图4-4~图4-6）。

图4-4　2016年春夏女装色彩趋势分析1

图4-5　2016年春夏女装色彩趋势分析2

氛围

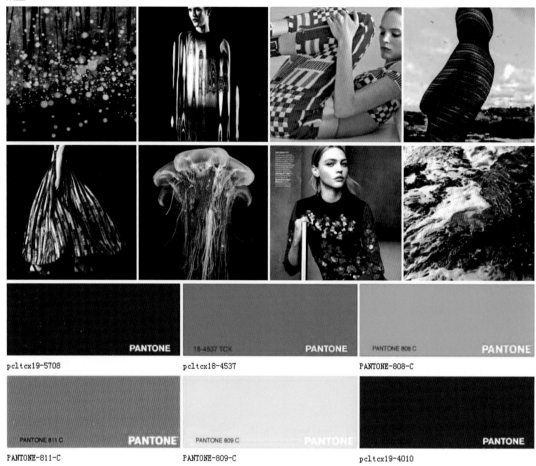

氛围

女装   2016S/S   更新时间：2014-09-23

生态觉醒 / 氛围   16春夏

图4-6   以"氛围"为主题元素的色彩分析

　　图4-7中的系列是刘璐同学设计的作品，作品中根据流行趋势提供的色彩预测，主要以淡黄绿为此作品的主色，表现时尚、运动休闲的主题风格。

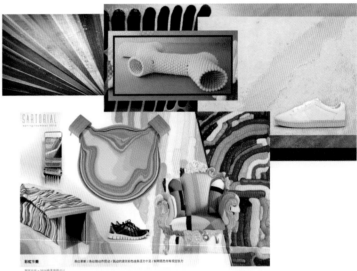

图4-7 刘璐同学设计的作品

三、根据灵感图来搭配

各种民间服饰、绘画、艺术设计作品中的配色方案都能够成为色彩搭配的灵感来源。

图4-8是2014年Alexander Mcqueen的设计作品，其灵感源之于非洲部落，从女祭司的着装吸取灵感，还有蒙德里安风格的几何图案。

缜密串珠　　　部落风串珠 / 串联式串珠 / 文化气息浓郁 / 精美织纹 / 带有触感 / 混合花纹

图4-8　Alexander Mcqueen的设计作品

图4-9中的系列是乔金金同学设计的作品，作品的色彩从少数民族、大西北风情中吸取设计灵感，以米咖为主色，图案则用红、黄、蓝进行搭配设计。表现自然、豪迈的自然休闲风情。

设计说明： 在全球文化交融的时代背景下人们通过浑沌的碰撞彰显修改，契合流行趋势的发展，此系列设计亮点放在布料处理上，运用编结工艺和手法在面料上进行改造创新，探索数字时代背景下岌岌可危的民族工艺，推崇文化传承和独创性。在款式上借鉴陕北羊羔毛马甲，大裆裤和鄂温克族宽松肥大的袍服，图案色彩上运用瑶族的服饰纹样，将他们对自然、图腾的崇拜，通过服饰上的几何纹、动物纹、植物纹表达出来，寄托了他们美好的寓意和追求以及独立自由的生活态度。

图4-9 乔金金同学设计的作品

第二节 不同面料材质的表现

在画时装效果图时，常用的工具有水彩颜料、水溶性彩色铅笔、油性马克笔、针管笔、水彩笔、毛笔、书法笔、白线笔、油漆笔等（图4-10）。本章将针对这些常用的工具来分析讲解。

（a）水彩颜料

（b）固体水彩颜料

（c）水彩笔、毛笔、排笔

（d）油性马克笔

（e）水溶性彩色铅笔

（f）书法笔、油漆笔、白线笔

（g）针管笔

图4-10 绘画时装效果图用的工具

一、不同面料材质表现步骤

1. 斑马纹理表现步骤（图4-11）

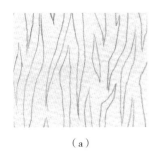 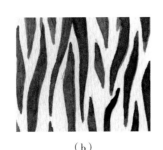 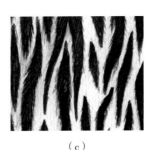 

（a）　　　　　　　　（b）　　　　　　　　（c）　　　　　　　　（d）

图4-11　斑马纹理表现

（a）用铅笔画出斑马纹理。　　　　　　　　（b）用黑色水彩颜料在原先绘制的纹路上上色。

（c）用黑色水溶性彩色铅笔加强斑马的纹路感。　　（d）用毛笔蘸水晕染，使其呈现毛质的感觉。

2. 鹿纹纹理表现步骤（图4-12）

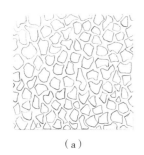 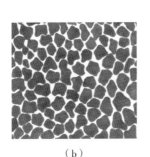 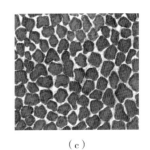 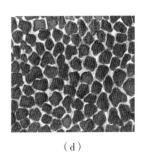

（a）　　　　　　　　（b）　　　　　　　　（c）　　　　　　　　（d）

图4-12　鹿纹纹理表现

（a）用铅笔绘出鹿皮。　　　　　　　　（b）用褐色马克笔平涂。

（c）用彩色铅笔加强肌理效果。　　　　　　（d）用彩色铅笔加强鹿皮纹。

3. 豹纹纹理表现步骤（图4-13）

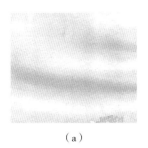 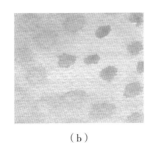 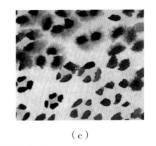 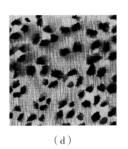

（a）　　　　　　　　（b）　　　　　　　　（c）　　　　　　　　（d）

图4-13　豹纹纹理表现

（a）铺底色，打湿底色。　　　　　　　　（b）在纸面趁湿画上黄色点。

（c）用黑色水彩画出黑点，画出豹纹的纹理。　　（d）用细毛笔加强纹路的细节肌理。

4. 毛呢纹理表现步骤（图4-14）

（a）　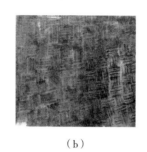（b）　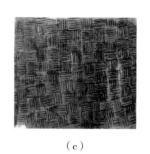（c）　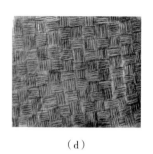（d）

图4-14　毛呢纹理表现

（a）水彩平涂底色。

（b）用小号排笔蘸黑色颜料干刷纹理。

（c）用黑色彩色铅笔强调纹理。

（d）用白色彩色铅笔平涂纹理，形成表面绒毛感。

5. 羊羔毛纹理表现步骤（图4-15）

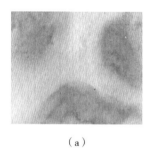（a）　（b）　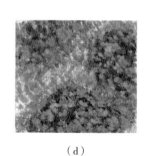（c）　（d）

图4-15　羊羔毛纹理表现

（a）用水彩画出底色纹理。

（b）用毛笔蘸比底色深的颜色画点状肌理。

（c）逐步加深。

（d）画灰白色点状强调肌理。

6. 狐狸毛纹理表现步骤（图4-16）

（a）　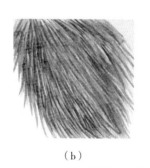（b）　（c）　（d）

图4-16　狐狸毛纹理表现

（a）用水彩画出毛的纹理感。

（b）用毛笔蘸比底色深的颜色再次强调毛质感。

（c）逐步加深。

（d）用彩色铅笔强调细节质感。

7. 水洗牛仔面料纹理表现步骤（图4-17）

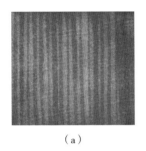  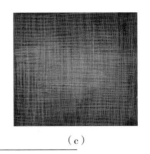 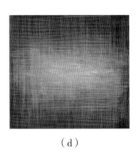

（a） （b） （c） （d）

图4-17 水洗牛仔面料纹理表现

（a）用马克笔平涂底色。
（b）用深蓝色彩色铅笔平涂出比较粗糙的纹理。
（c）用白色彩色铅笔平涂白色的纤维纹理。
（d）用毛笔蘸白色颜料干刷牛仔水洗纹理。

8. 破洞牛仔面料纹理表现步骤（图4-18）

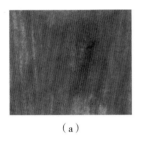 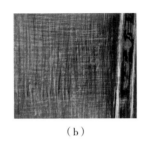 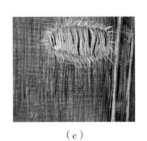 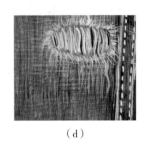

（a） （b） （c） （d）

图4-18 破洞牛仔面料纹理表现

（a）用水彩平涂底色。
（b）用毛笔蘸上白色或蓝色颜料交替式干刷出牛仔面料的纹理。
（c）用毛笔蘸上白色颜料画破洞上的白色纹理。
（d）用毛笔画缝纫线。

9. 提花面料纹理表现步骤（图4-19）

（a） （b） （c） （d）

图4-19 提花面料纹理表现

（a）用白色蜡笔画出白色的纹理，平涂灰色的底色。
（b）将灰色的底色加深。
（c）用黑色的彩色铅笔画灰色底色的纹理。
（d）用黑色的彩色铅笔强调白色纹理。

10. 条纹面料纹理表现步骤（图4-20）

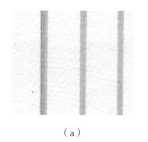 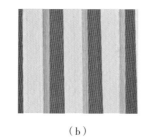 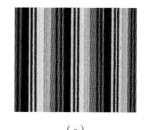 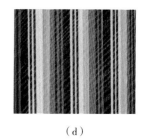

（a）　　　　　　　　　（b）　　　　　　　　　（c）　　　　　　　　　（d）

图4-20　条纹面料纹理表现

（a）用马克笔画出最浅色的条纹。　　　（b）用马克笔画出较浅色的条纹。

（c）用马克笔画出最深的条纹。　　　　（d）用白色彩色铅笔画斜线纹理，强调细节。

11. 格子面料纹理表现步骤（图4-21）

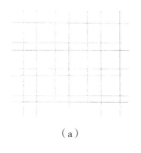 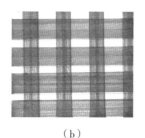 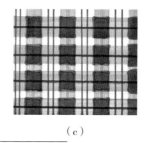 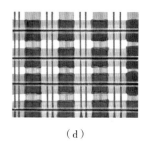

（a）　　　　　　　　　（b）　　　　　　　　　（c）　　　　　　　　　（d）

图4-21　格子面料纹理表现

（a）用铅笔将格子纹理形状画好。

（b）用灰色马克笔画条纹。

（c）将灰色相交地方的格子加深，并用蓝色彩色铅笔画细条纹。

（d）用白色彩色铅笔画出白色的条纹纹理。

12. 毛呢格子面料纹理表现步骤（图4-22）

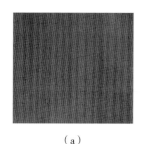 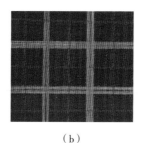 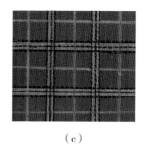 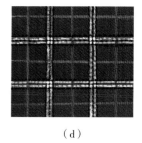

（a）　　　　　　　　　（b）　　　　　　　　　（c）　　　　　　　　　（d）

图4-22　毛呢格子面料纹理表现

（a）用红色马克笔平涂。

（b）用红色和白色彩色铅笔画条纹。

（c）用黄色和黑色彩色铅笔画条纹肌理。

（d）用黑色彩色铅笔画均匀斜线，表现斜纹肌理感，再用白线笔强调细节。

13. 蕾丝面料纹理表现步骤（图4-23）

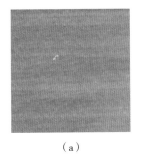 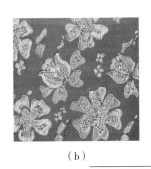  

（a）　　　　　　　（b）　　　　　　　（c）　　　　　　　（d）

图4-23　蕾丝面料纹理表现

（a）用蓝色马克笔平涂底色。　　　　　　（b）用白线笔将花纹的纹理画出来。

（c）用白线笔画出网状纹理。　　　　　　（d）再次强调暗面使纹理更有层次立体感。

14. 镶钻面料纹理表现步骤（图4-24）

 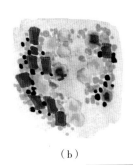 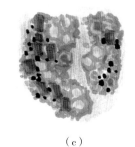 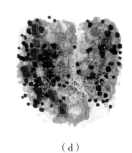

（a）　　　　　　　（b）　　　　　　　（c）　　　　　　　（d）

图4-24　镶钻面料纹理表现

（a）用马克笔将钻石的肌理形状画出来。　　（b）用水彩画出蓝色的底色。

（c）用水彩将钻石的暗面加深。　　　　　　（d）用亮片加以点缀，使其肌理感加强。

15. 羽绒棉袄面料表现步骤（图4-25）

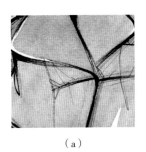 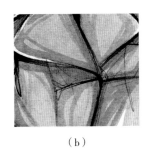  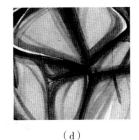

（a）　　　　　　　（b）　　　　　　　（c）　　　　　　　（d）

图4-25　羽绒棉袄面料表现

（a）用水彩平涂。

（b）用水彩画出暗面。

（c）进一步加深其暗面，使暗面和亮面的纹理对比强烈。

（d）用黄色水彩加强亮面效果。

16. 钩花针织面料纹理表现步骤（图4-26）

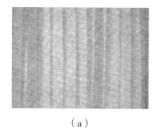 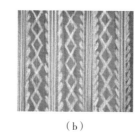 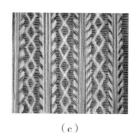 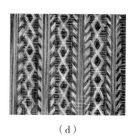

（a） （b） （c） （d）

图4-26 钩花针织面料纹理表现

（a）用灰色马克笔平涂。 （b）用白色彩色铅笔画出针织纹路肌理。
（c）用黑色彩色铅笔强调纹理细节。 （d）用勾线毛笔蘸上白色颜料干刷，强调细节。

17. 手工编织针织面料纹理表现步骤（图4-27）

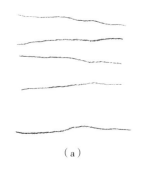   

（a） （b） （c） （d）

图4-27 手工编织针织面料纹理表现

（a）用铅笔画出针织纹理。 （b）用马克笔画出不同颜色的针织纹理。
（c）用深色的彩色铅笔去强调针织纹理细节。 （d）用深色彩色铅笔再次强调针织肌理细节。

18. 皮革面料纹理表现步骤（图4-28）

 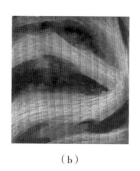 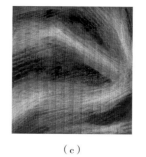 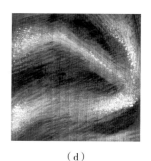

（a） （b） （c） （d）

图4-28 皮革面料纹理表现

（a）用马克笔平涂底色。 （b）用白色彩色铅笔画褶皱纹理。
（c）用毛笔蘸白色颜料干刷。 （d）用毛笔蘸白色颜料再次干刷，强调高光。

二、不同面料效果图表现步骤

1. 牛仔面料效果图表现步骤（图4-29）

（a）

（b）

（c）

（d）

图4-29 牛仔面料效果图表现

表现工具为水彩+彩色铅笔。

（a）用水彩平涂衣服。

（b）用彩色铅笔画衣服褶皱和肌理。

（c）再用彩色铅笔进一步深入强调。

（d）完稿。

2. 格呢面料效果图表现步骤（图4-30）

（a）

（b）

（c）

（d）

图4-30 格呢面料效果图表现

表现工具为水彩+马克笔。

（a）用水彩画出衣服的明暗和褶皱关系。

（b）用马克笔画格子肌理。

（c）再用马克笔画出深色的格子，再次强调肌理。

（d）完稿。

3. 针织面料效果图表现步骤（图4-31）

图4-31　针织面料效果图表现

表现工具为马克笔+彩色铅笔。

（a）用马克笔画出针织的肌理。

（b）用彩色铅笔去强调肌理的细节。

（c）再用马克笔和彩色铅笔深入强调。

（d）完稿。

4. 真丝面料效果图表现步骤（图4-32）

（a）

（b）

（c）

（d）

图4-32 真丝面料效果图表现

表现工具为水彩+马克笔+彩色铅笔。

（a）用水彩画裙子的褶皱和结构感，透明感觉的纹理部分留白。

（b）用马克笔强调纹理部分。

（c）用彩色铅笔和水彩再次强调服装和人体的暗面，突出表现透明层次感。

（d）完稿。

5. 蕾丝面料效果图表现步骤（图4-33）

（a）

（b）

（c）

（d）

图4-33 蕾丝面料效果图表现

表现工具为马克笔+水彩+彩色铅笔。

（a）用水彩画出整体的色彩和结构关系，特别注意面料和皮肤相交的暗面关系要强调。

（b）用马克笔强调皮肤的颜色。

（c）用马克笔去深入强调肌理细节。

（d）完稿。

6. 鸵鸟毛面料效果图表现步骤（图4-34）

（a）　　　　　　　　（c）　　　　　　　　（b）　　　　　　　　（d）

图4-34　鸵鸟毛面料效果图表现

表现工具为马克笔+水溶性彩色铅笔。

（a）先用水溶性彩色铅笔画出鸵鸟毛的纹理和明暗层次感。

（b）用毛笔蘸干净的水顺着鸵鸟毛的肌理层次感晕染，用彩色铅笔由浅入深地再次表现肌理细节。

（c）皮毛和衣服用马克笔表现。

（d）完稿。

7. 豹纹面料效果图表现步骤（图4-35）

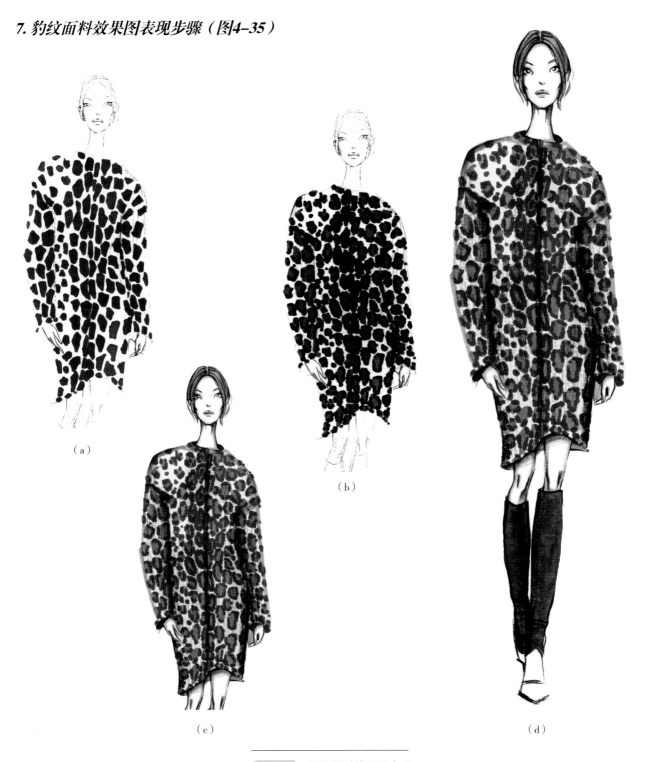

（a）

（b）

（c）

（d）

图4-35 豹纹面料效果图表现

表现工具为马克笔+彩色铅笔。

（a）用马克笔画出豹纹的咖色纹理。

（b）用深咖色马克笔画出豹纹的深色纹理。

（c）用水彩画出浅黄色底色，用彩色铅笔强调细节纹理。

（d）完稿。

8. 狐狸毛和蛇皮面料效果图表现步骤（图4-36）

（a）

（b）

（c）

（d）

图4-36 狐狸毛和蛇皮面料效果图表现

表现工具为水彩+彩色铅笔。

（a）用水彩将服装和人体的色彩与层次感画出来，狐狸毛的部分留白。

（b）用毛笔蘸浅灰色水彩画出狐狸毛的肌理层次感，并一层层地加深。

（c）蛇皮的图案肌理用彩色铅笔画。

（d）完稿。

9. 斑马纹面料效果图表现步骤（图4-37）

（a）

（b）

（c）

（d）

图4-37　斑马纹面料效果图表现

表现工具为马克笔+水彩。

（a）用马克笔画出黑色斑马的纹理。

（b）用水彩强调服装和肌理的暗面。

（c）用水彩再一次强调服装和纹理的暗面，使服装层次和肌理鲜明。

（d）完稿。

10. 羊羔毛面料效果图表现步骤（图4-38）

（a）

（b）

（c）

（d）

图4-38 羊羔毛面料效果图表现

表现工具为水彩+彩色铅笔。

（a）用水彩平涂服装。

（b）将毛笔用干擦法画毛面料的肌理效果，从暗面开始画起。

（c）用彩色铅笔表现裙子的褶皱暗面以及肌理。

（d）完稿。

11. 菱形格面料效果图表现步骤（图4-39）

（a）

（b）

（c）

（d）

图4-39　菱形格面料效果图表现

表现工具为马克笔+针管笔。

（a）用马克笔把菱形格的纹理画出来。

（b）缀珠部分用针管笔以点的形式表现。

（c）用浅灰色马克笔画服装的暗面。

（d）完稿。

12. 树纹面料效果图表现步骤（图4-40）

（a）

（b）

（c）

（d）

图4-40 树纹面料效果图表现

表现工具为针管笔+马克笔+彩色铅笔。

（a）用针管笔将树的纹理画出来。

（b）皮肤用马克笔和彩色铅笔画。

（c）用彩色铅笔再一次强调服装和纹理暗面，使服装层次和肌理鲜明。

（d）完稿。

13. 条纹面料效果图表现步骤（图4-41）

（a）

（b）

（c）

（d）

图4-41 条纹面料效果图表现

表现工具为针管笔+水彩。

（a）用针管笔将服装的廓型和条纹画出来。

（b）用水彩给条纹上不同颜色。

（c）用水彩强调暗面的层次感。

（d）完稿。

14. 毛呢面料效果图表现步骤（图4-42）

（a）

（c）

（b）

（d）

图4-42 毛呢面料效果图表现

表现工具为水彩+彩色铅笔。

（a）用水彩平涂。

（b）用水彩画出服装的褶皱暗面。

（c）用彩色铅笔画面料的纹理。

（d）完稿。

15. 镶钻面料效果图表现步骤（图4-43）

（a）

（b）

（c）

（d）

图4-43 镶钻面料效果图表现

表现工具为水彩+马克笔+彩色铅笔。

（a）用水彩平涂。

（b）用马克笔画缀珠部分的肌理。

（c）用水彩和彩色铅笔画衣服褶皱暗面。

（d）完稿。

16. 印花面料效果图表现步骤（图4-44）

（a）

（b）

（c）

（d）

图4-44 印花面料效果图表现

表现工具为马克笔+水彩+彩色铅笔。

（a）上衣印花用马克笔表现。

（b）裤子用水彩平涂表现。

（c）用水彩和彩色铅笔画服装褶皱暗面。

（d）完稿。

17. 缀珠面料效果图表现步骤（图4-45）

（a）

（b）

（c）

（d）

图4-45 缀珠面料效果图表现

表现工具为水彩+马克笔+彩色铅笔。

（a）用水彩画人体。

（b）用马克笔画缀珠的肌理。

（c）用彩色铅笔强调人体表现其透明层次感，用马克笔强调珠子的暗面层次感。

（d）完稿。

18. 格子面料效果图表现步骤（图4-46）

（a）

（b）

（c）

（d）

———————

图4-46 格子面料效果图表现

表现工具为马克笔+水彩。

（a）马甲用马克笔平涂，毛衣和裤子用水彩表现。

（b）用排笔加水彩颜料画格子的纹理，用干画法表现。

（c）用水彩强化暗部，加大层次变化。

（d）完稿。

19. 提花面料效果图表现步骤（图4-47）

（a）

（c）

（b）

（d）

图4-47　提花面料效果图表现

表现工具为蜡笔+水彩。

（a）外套用白色蜡笔画出提花的纹理。

（b）用深色水彩平涂外套，浅色裙子只需用水彩画暗面褶皱。

（c）用水彩再次强调服装的暗面。

（d）完稿。

20. 棉衣面料效果图表现步骤（图4-48）

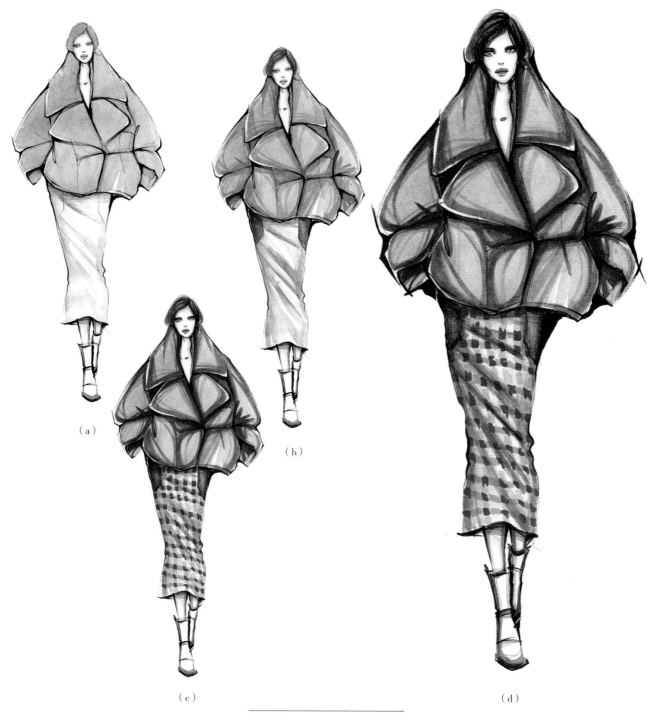

（a）

（b）

（c）

（d）

图4-48 棉衣面料效果图表现

表现工具为水彩+马克笔。

（a）用水彩平涂上衣棉袄以及裙子的褶皱。

（b）用水彩画棉服的暗面，由面过渡到线的形式表现。

（c）用马克笔画裙子的图案。

（d）完稿。

21. 针织钩花面料效果图步骤（图4-49）

（a）　　　　　（b）　　　　　（c）　　　　　（d）

图4-49　针织钩花面料效果图表现

表现工具为马克笔+彩色铅笔。

（a）用彩色铅笔画图案纹理。

（b）用马克笔给纹理图案着色。

（c）用彩色铅笔强调细节。

（d）完稿。

第三节　时装效果图中常用工具的表现技法

一、水彩表现技法

　　水彩在时装效果图中主要采用薄画法，根据面料的特性又分为干画法和湿画法，绘制的过程中多采用平涂、晕染的手法。

　　需注意的是，水彩在绘画使用时，一般都是水相对比颜料多，在调色盘上调配颜色时一定要注意水和颜料的比例，不易过湿和过干。水彩颜色要画的浅，可适当加入水进行调和，而不是加入白色颜料，这样容易降低色彩的纯度。画暗面时不要直接加入黑色颜料调暗面的色彩，这样容易使画面的色彩看起来脏。用水彩绘制效果图一定要按由浅入深的顺序来表现（图4-50~图4-55）。

图4-50　水彩表现时装效果图1

（a）

（b）

（c）

（d）

图4-51　水彩表现时装效果图1的步骤图

图4-52 水彩表现时装效果图2

（a）

（b）

（c）

（d）

图4-53 水彩表现时装效果图2的步骤图

图4-54　水彩表现时装效果图3

（a）

（b）

（c）

（d）

图4-55　水彩表现时装效果图3的步骤图

二、彩色铅笔表现技法

　　彩色铅笔主要分为溶于水和不溶于水两种，一般会选用水溶性彩色铅笔来绘制效果图。主要分为平涂法和水溶法。

　　需要注意的是，在用彩色铅笔平涂时，要顺着面料的肌理纹路的方向来画，平涂在纸上的笔纹不要过乱。彩色铅笔平涂时，分单色表现和混合色表现，单色表现可以通过手的力度来控制画面的明暗；混合色表现是要通过不同颜色在纸面上来调出明暗。彩色铅笔水溶法，是将水溶性彩色铅笔画在纸面上，再用毛笔加水将纸面上的彩色铅笔晕染开，也可呈现出水彩的效果（图4-56~图4-61）。

图4-56 彩色铅笔表现时装效果图1

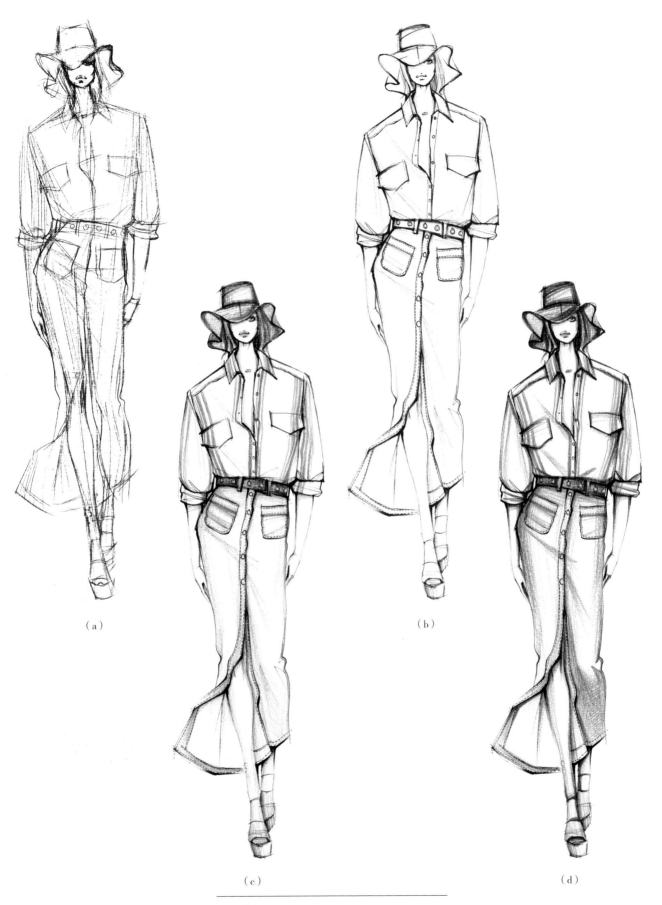

（a）

（b）

（c）

（d）

图4-57 彩色铅笔表现时装效果图1的步骤图

图4-58 彩色铅笔表现时装效果图2

（a）

（b）

（c）

（d）

图4-59　彩色铅笔表现时装效果图2的步骤图

图4-60 彩色铅笔表现时装效果图3

（a）　　　　　　　　　　　　（b）　　　　　　　　　　　　（c）　　　　　　　　　　　　（d）

图4-61 彩色铅笔表现时装效果图3的步骤图

三、马克笔表现技法

马克笔主要分为水性和油性两种，可以通过气味来辨别，一般油性马克笔味道比较重，而水性马克笔则没有味道。也可将笔平涂在纸面上来进行辨别，油性马克笔重复性地画在纸面上时，色彩重叠面容易融合在一起；而水性马克笔画出的色彩重叠面会叠加出面。画时装效果图时多采用油性马克笔来绘制，主要采用平涂法。

需要注意的是，用马克笔平涂时笔触要有序地排列和穿插，可适当的留白，不宜反复涂抹。马克笔着色时一定要按由浅入深的方法来画，不宜一开始将颜色画的很深。由于马克笔的颜色都是设定好不能调和，因此在画服装的暗面时，一定要选好画暗面的色号，也就是说服装的固有色和暗面色的关系不能区分太大（图4-62~图4-67）。

图4-62 马克笔表现时装效果图1

（a）

（b）

（c）

（d）

图4-63 马克笔表现时装效果图1的步骤图

图4-64 马克笔表现时装效果图2

（a）　　　　　　　　　　　　　　　（b）

（c）　　　　　　　　　　　　　　　（d）

图4-65　马克笔表现时装效果图2的步骤图

图4-66 马克笔表现时装效果图3

（a）

（b）

（c）

（d）

图4-67　马克笔表现时装效果图3的步骤图

第五章

服装平面款式的画法

表现技法

课题名称: 服装平面款式的画法

课题内容: 上装类服装平面款式的画法
下装类服装平面款式的画法

课题时间: 8学时

训练目的: 本章节学习是让学生理解时装效果图与服装平面款式图之间的联系和区别,使学生熟悉服装平面款式图相关的理论知识,熟悉上装类和下装类基本款式的结构图,熟悉上装类和下装类基本款式的平面款式图的绘画步骤,并能够熟练地将服装实物以平面款式图的形式绘制表现出来。

教学要求: 1. 熟悉服装平面款式图的理论知识。
2. 熟练掌握上装类服装平面款式的画法。
3. 熟练掌握下装类服装平面款式的画法。

课前准备: 查阅服装平面款式图相关的书籍和图片资料。准备上课需要的纸、尺、笔。

服装平面款式的画法

服装平面款式图是一种单纯的服装平面展示图，要按照人体的比例关系来进行绘制，可对时装效果图的款式细节、工艺表现提供辅助和补充说明。在绘制的过程中要求比例结构合理，线条清晰明确，画风严谨仔细。下面介绍用人台比例画法绘制服装平面款式图。

需要的工具有：人台、直尺、曲线板、铅笔（图5-1）。

大家可以将图5-2的人台图形拷贝在卡纸上并剪下来，在上面标注清楚人台的中心线、领围线、肩线、胸围线、腰围线、臀围线（图5-2）。

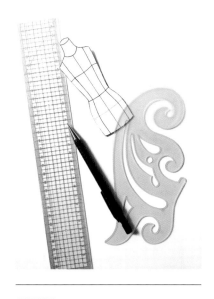

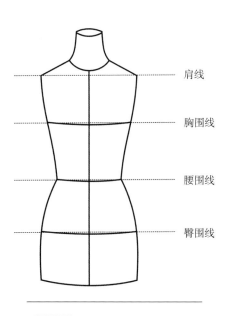

肩线

胸围线

腰围线

臀围线

图5-1 绘画服装平面款式图的工具　　　　　**图5-2** 人台上的各部位参考线

第一节　上装类服装平面款式的画法

在画上装服装平面款式图之前，一定要对服装原型结构图有比较熟悉的了解。在绘制的过程中要考虑款式结构和工艺，同时还要了解服装中的肩、胸、腰、臀的宽窄变化会对服装廓型产生影响，以及款式内部的零部件，如口袋、腰带、纽扣等在款式中所在的位置比例关系。

绘画的顺序是：领口——门襟——肩——袖窿弧和侧缝——下摆——袖子——内部零部件。各类上装平面款式图表现如图5-3~图5-11所示。

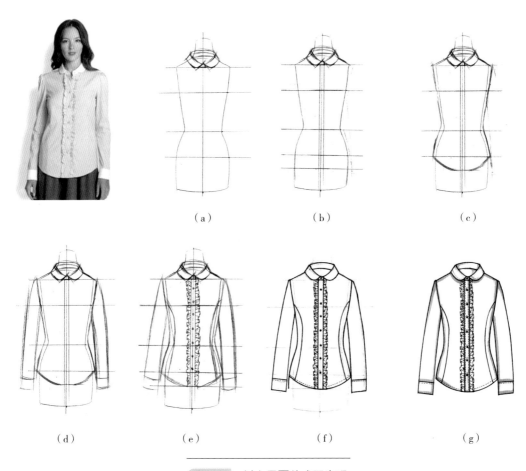

（a）　　　　　（b）　　　　　（c）

（d）　　　　　（e）　　　　　（f）　　　　　（g）

图5-3　衬衣平面款式图表现

（a）　　　　　（b）

（c）　　　　　（d）　　　　　（e）　　　　　（f）

图5-4　西服平面款式图表现

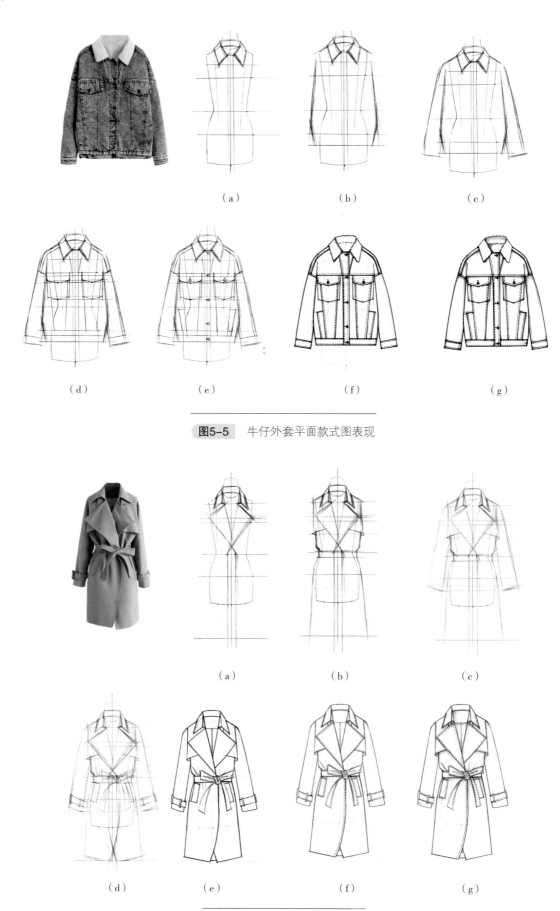

（a）　　　（b）　　　（c）

（d）　　　（e）　　　（f）　　　（g）

图5-5　牛仔外套平面款式图表现

（a）　　　（b）　　　（c）

（d）　　　（e）　　　（f）　　　（g）

图5-6　风衣平面款式图表现

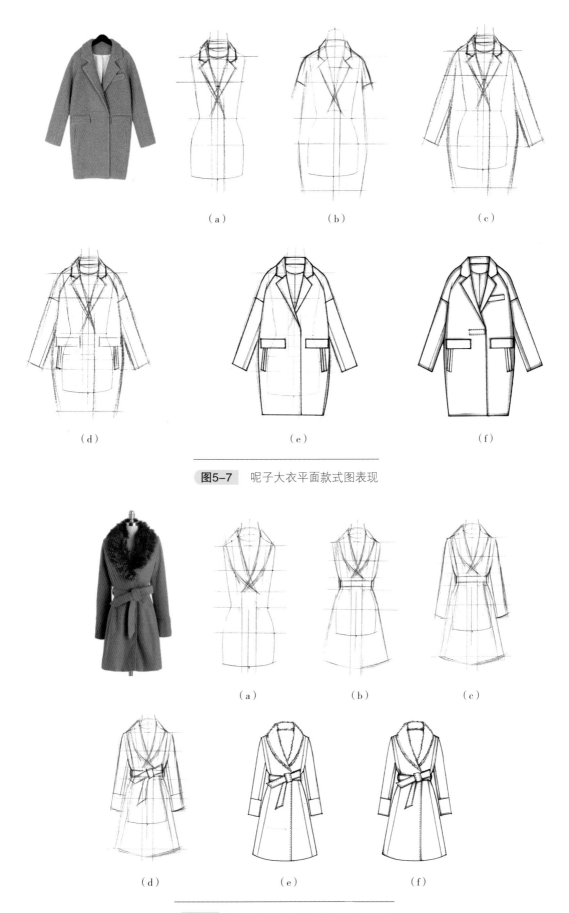

（a）　　　　　　　　　（b）　　　　　　　　　（c）

（d）　　　　　　　　　（e）　　　　　　　　　（f）

图5-7　呢子大衣平面款式图表现

（a）　　　　　　　　　（b）　　　　　　　　　（c）

（d）　　　　　　　　　（e）　　　　　　　　　（f）

图5-8　收腰系带长大衣平面款式图表现

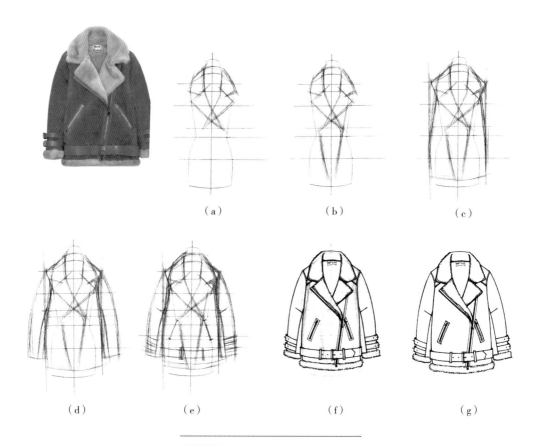

（a） （b） （c）

（d） （e） （f） （g）

图5-9 麂皮外套平面款式图表现

（a） （b） （c）

（d） （e） （f）

图5-10 军装式棉袄平面款式图表现

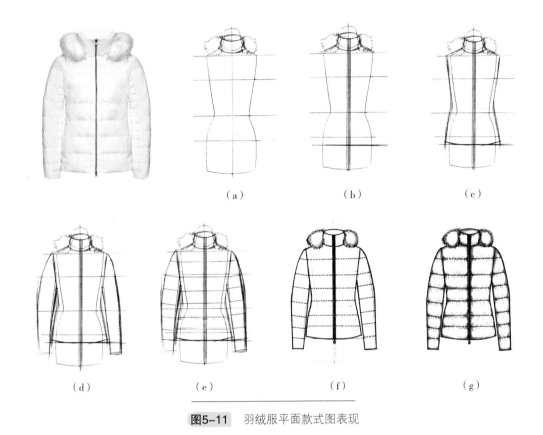

图5-11　羽绒服平面款式图表现

第二节　下装类服装平面款式的画法

1. 裤子

画裙裤、裤子时一定要注意腰、臀、横裆线这三者之间的比例关系。

绘画裤子的顺序是：腰口——门襟和裆——裤子内侧缝——外侧缝——脚口——零部件。

裤子平面款式图如图5-12、图5-13所示。

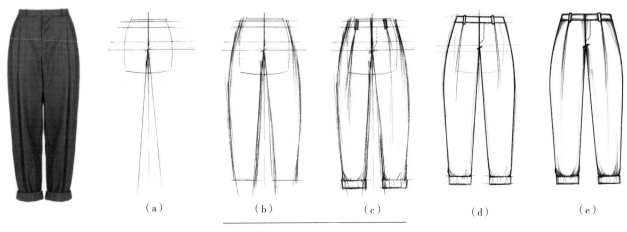

图5-12　哈伦西裤平面款式图表现

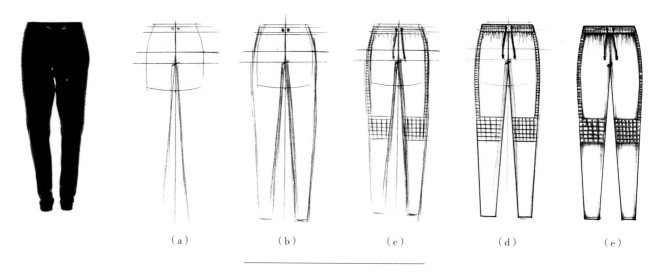

（a） （b） （c） （d） （e）

图5-13 小腿皮裤平面款式图表现

2. 裙子

绘画裙子的顺序是：腰口——门襟——外侧缝——下摆——零部件。

半身裙平面款式图表现如图5-14、图5-15所示。

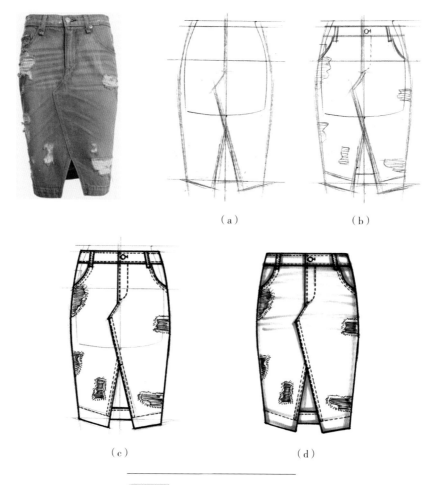

（a） （b）

（c） （d）

图5-14 牛仔裙平面款式图表现

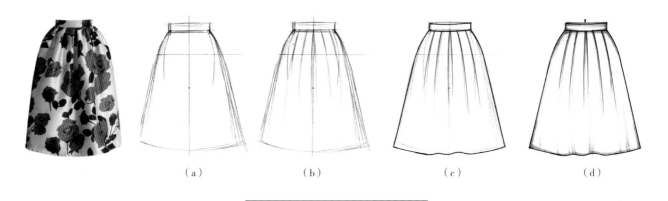

（a）　　　　　　　　（b）　　　　　　　　（c）　　　　　　　　（d）

图5-15　印花圆裙平面款式图表现

绘画连衣裙的顺序是：领口——肩和侧缝——腰——裙外侧缝——下摆——袖子——零部件。
连衣裙平面款式图表现如图5-16所示。

图5-16　蕾丝连衣裙平面款式图表现

范例如图5-17~图5-26所示。

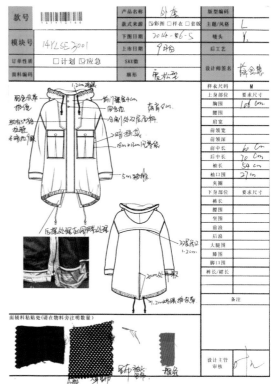

图5-17 平面款式图作品1（薛金慧）

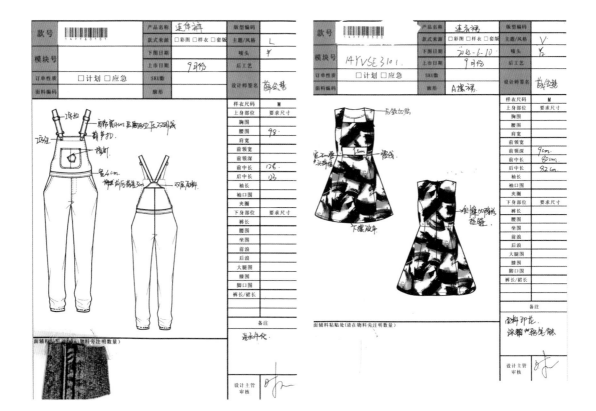

图5-18 平面款式图作品2（薛金慧）

图5-19　平面款式图作品3（苏醒）

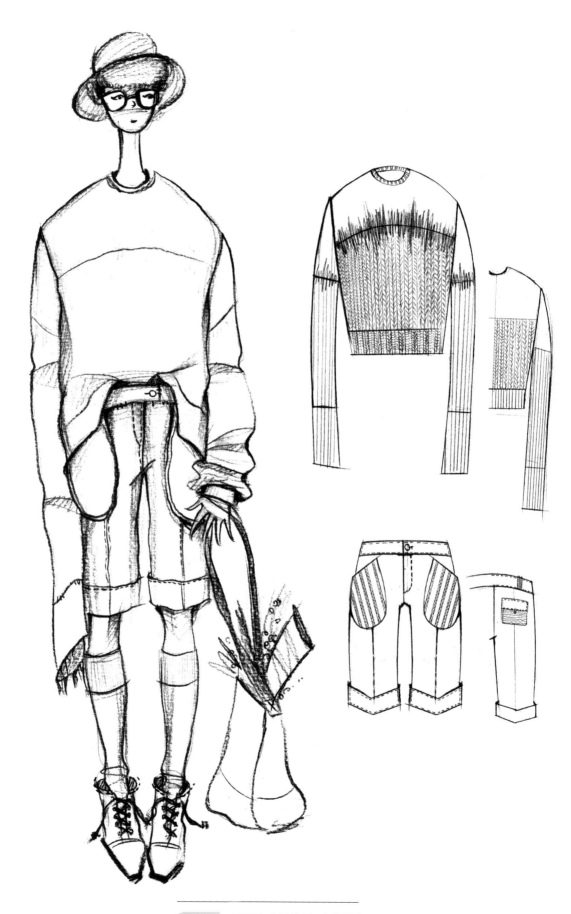

图5-20 平面款式图作品4（苏醒）

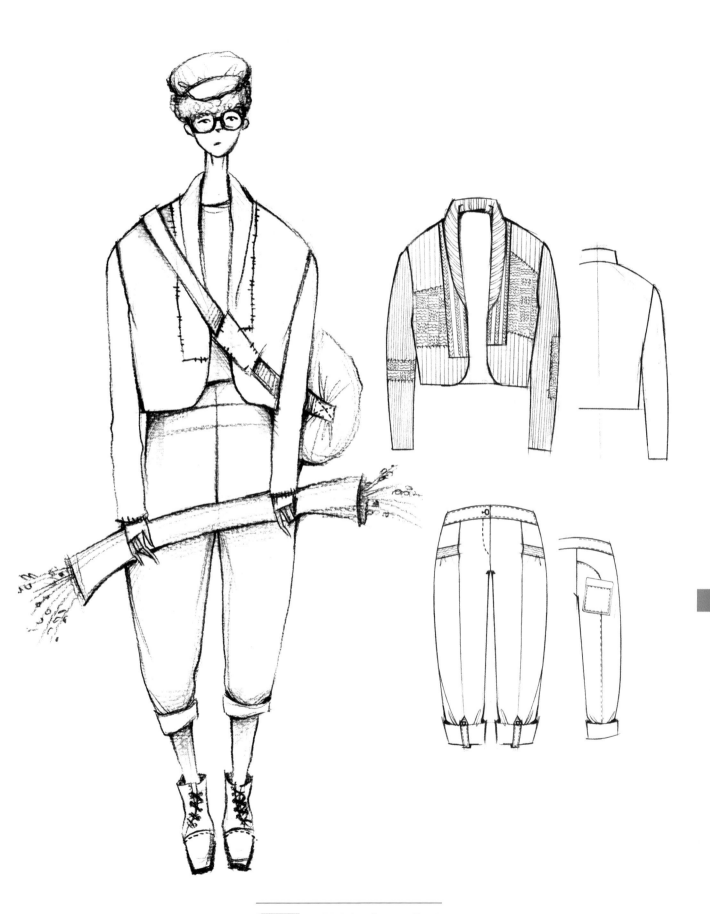

图5-21　平面款式图作品5（苏醒）

图5-22 平面款式图作品6（徐泽麟）

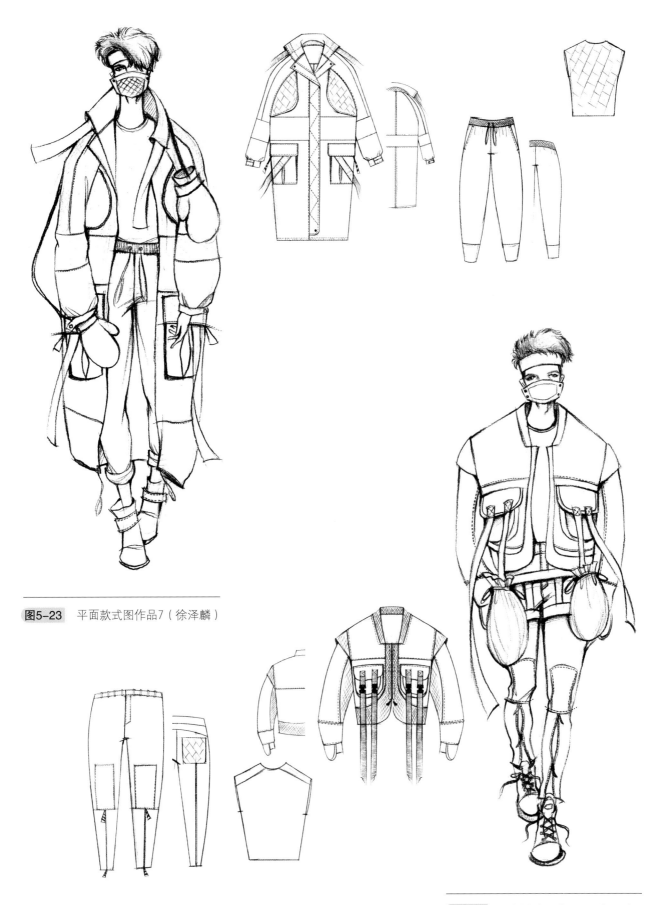

图5-23 平面款式图作品7（徐泽麟）

图5-24 平面款式图作品8（徐泽麟）

图5-25 平面款式图作品9（邱文玉）

图5-26　平面款式图作品10（邱文玉）

第六章

不同服装风格下时装人体及
效果图设计表现

设计表现拓展

● **课题名称：** 不同服装风格下时装人体及效果图设计表现

● **课题内容：** 甜美风格表现
　　　　　　时尚成熟风格表现

● **课题时间：** 16学时

● **训练目的：** 本章节的学习是让学生将所学的技巧能够灵活地应用和表现，通过绘制时装效果
　　　　　　图对不同时装风格有一个深刻认识，使学生能够针对不同风格的服装来设计绘制
　　　　　　时装效果图，熟练掌握不同时装风格下人体和头部五官的设计表现，熟练掌握各
　　　　　　种绘画工具的运用，熟练绘制不同面料材质的表现，最终达到既能熟练地将所看
　　　　　　到的时装绘制表现出来，也能表现出自己的绘画风格。

● **教学要求：** 1. 熟悉掌握甜美风格中头部和五官、身体的表现技巧。
　　　　　　2. 熟悉掌握时尚成熟风格中头部和五官、身体的表现技巧。

● **课前准备：** 查阅相关大师绘制的时装效果图或时装插画书籍和图片资料，观看时装秀场视频
　　　　　　资料。准备好上课需要的纸、笔、颜料。

第六章
06

不同服装风格下时装人体及效果图设计表现

第一节　甜美风格表现

　　甜美风格在时下的服装市场流行趋势中是不可忽视的，其设计的年龄段为18~25岁。粉嫩的色系，精致的花边，柔美的面料都是这种风格必备的设计元素（图6-1）。在设计此类型效果图的过程中，首先要在内心寻找和培养这样的感情，抓住该风格特点细节并将其强调或扩大化地去表现出来。

图6-1　时尚少女服装风格灵感图

一、头部和五官细节

在表现甜美风格的时装模特的头部和五官时，可以采取比较柔和或圆润感觉的线条来表现。在表现头部时，不要去突出强调颧骨和下颌骨这两个骨骼点，而是要绘制出圆润感脸型。五官中突出的是眼睛和嘴巴的表现形式，眼睛可以绘制比较圆和大的"杏仁形"，眼珠的虹膜和瞳孔部分的明暗对比度要突出。嘴巴的上唇和下唇的表现要令人感觉丰满和圆润（图6-2）。

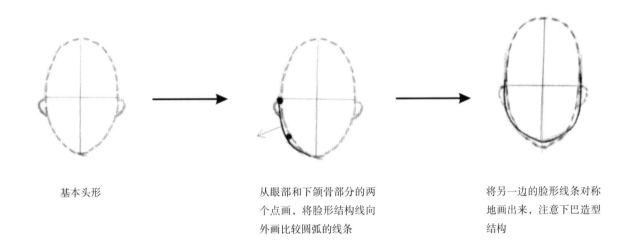

基本头形

从眼部和下颌骨部分的两个点画，将脸形结构线向外画比较圆弧的线条

将另一边的脸形线条对称地画出来，注意下巴造型结构

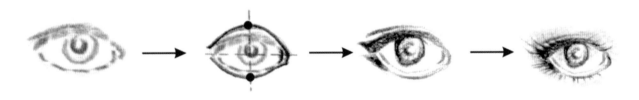

基本眼睛结构形

将眼睛的上下部分的结构比例加长，使外形结构看上去比基本形大，并注意眼睛结构的表现

将眼睛的内部结构表现出来，注意眼珠的结构表现细节要对比明确

将眼睫毛细节表现出来，表现一些眼部结构色调

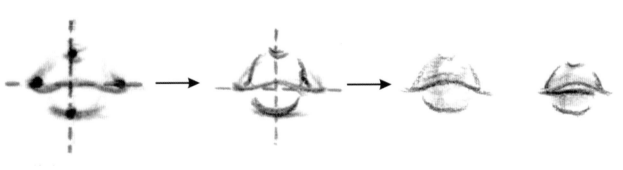

基本嘴部结构形

将嘴部上下部分的结构加厚，表现较为圆润的感觉

闭合和略微张开的嘴形的表现

图6-2　甜美风格的头部和五官细节表现

各类甜美风格头部表现如图6-3所示。

图6-3　各类甜美风格头部表现

二、身体

　　人体的肩部相对于头的比例而言略为窄小，不要突出人体中的胸、腰、臀的比例关系，以柔和的线条为主要表现（图6-4）。

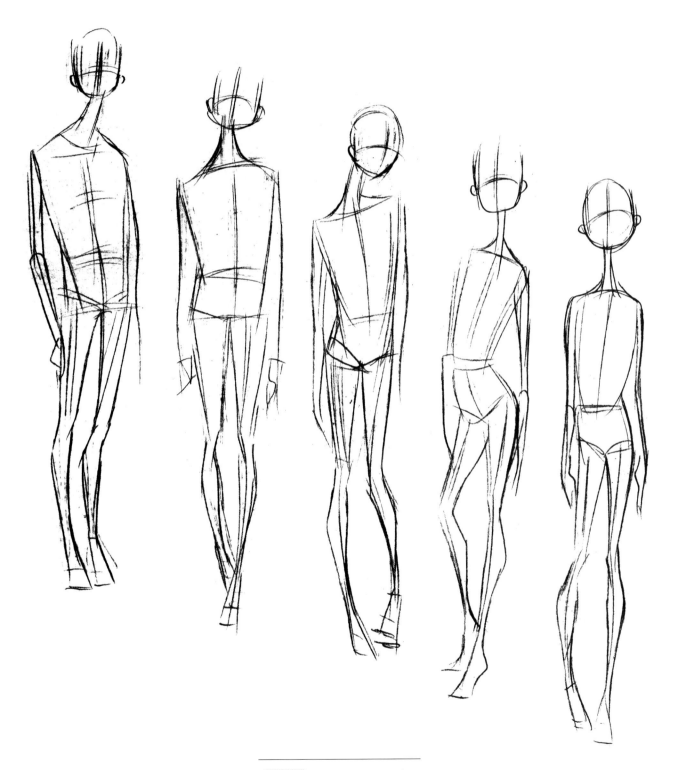

图6-4　甜美风格的人体表现

各类甜美风格表现如图6-5~图6-24所示。

图6-5　表现工具：水彩+彩色铅笔1

图6-6　表现工具：水彩+彩色铅笔2

图6-7　表现工具：水彩+彩色铅笔3　　　　　图6-8　表现工具：水彩+彩色铅笔4

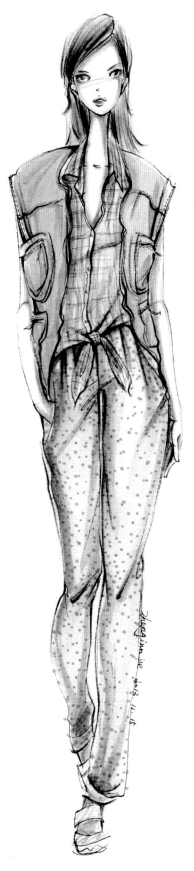

图6-9 表现工具：水彩+彩色铅笔5

图6-10 表现工具：水彩+彩色铅笔6

图6-11　表现工具：水彩+彩色铅笔7　　　　**图6-12**　表现工具：水彩+彩色铅笔8

图6-13　表现工具：水彩+彩色铅笔9

图6-14　表现工具：水彩+彩色铅笔+油画棒

图6-15　表现工具：水彩＋马克笔1

图6-16　表现工具：水彩＋马克笔2

图6-17 表现工具：水彩+马克笔3

图6-18 表现工具：水彩+马克笔4

图6-19 表现工具：马克笔+白线笔+彩色铅笔　　　**图6-20** 表现工具：水彩+马克笔+彩色铅笔1

图6-21　表现工具：水彩+马克笔+彩色铅笔2

图6-22　表现工具：彩色铅笔

图6-23　表现工具：马克笔+彩色铅笔

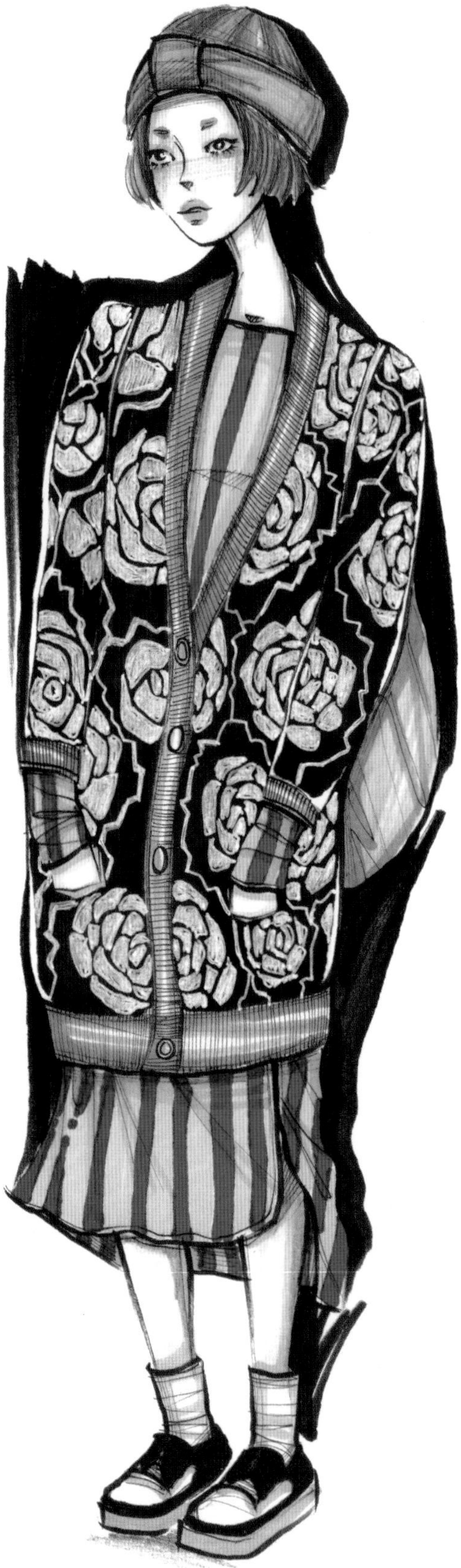

图6-24　表现工具：马克笔+白线笔

第二节　时尚成熟风格表现

　　时尚成熟风格设计的年龄定位一般为28~40岁时尚女性，这个年龄段的服装在市场上占有非常重要的市场份额（图6-25）。对于这种风格中的人体表现可以按照时装效果图中常规性人体比例的要求来表现。

图6-25　时尚成熟风格灵感图

一、头部和五官细节

相比甜美风格的头部表现而言，时尚成熟风格的线条要比较硬朗且有强调性，特别是要强调脸部的颧骨和下颌骨这两部分的结构，让整个脸部看起来有立体成熟感（图6-26）。各类时尚成熟风格头部表现如图6-27所示。

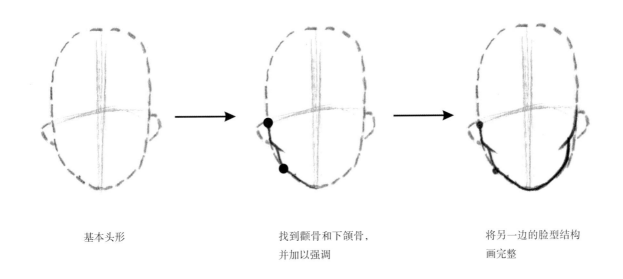

基本头形　　　　　　找到颧骨和下颌骨，　　　　　将另一边的脸型结构
　　　　　　　　　　并加以强调　　　　　　　　画完整

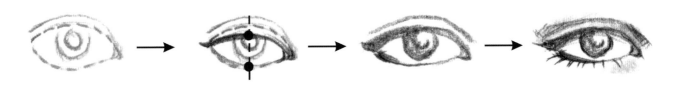

基本眼睛结构形　　　将眼睛上下结构比例缩小　　　　将眼睛结构细节画完整

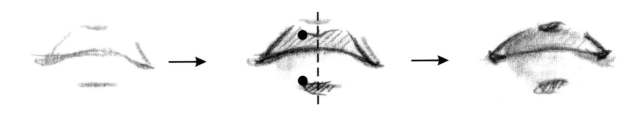

基本嘴部结构形　　　　上下嘴唇不要画的太厚，　　　　上嘴唇的结构可以设计变化，
　　　　　　　　　　并保持嘴部基本宽度　　　　　　再将嘴唇结构细节表现完整

图6-26 时尚成熟风格的头部和五官细节表现

图6-27 各类时尚成熟风格头部表现

二、身体

　　身体的比例可以按照着装效果图中常规的人体来画，肩部的表现不能太窄，身体的胸、腰、臀之间的比例关系要突出且有节奏感，可以夸张表现为高挑修长的比例（图6-28）。

图6-28　时尚成熟风格人体表现

各类时尚成熟风格表现如图6-29~图6-48所示。

图6-29 表现工具：水彩+彩色铅笔1

图6-30 表现工具：水彩+彩色铅笔2

图6-31　表现工具：水彩+彩色铅笔3

图6-32　表现工具：水彩+彩色铅笔4

图6-33　表现工具：水彩+马克笔+彩色铅笔1

图6-34　表现工具：水彩+马克笔+彩色铅笔2

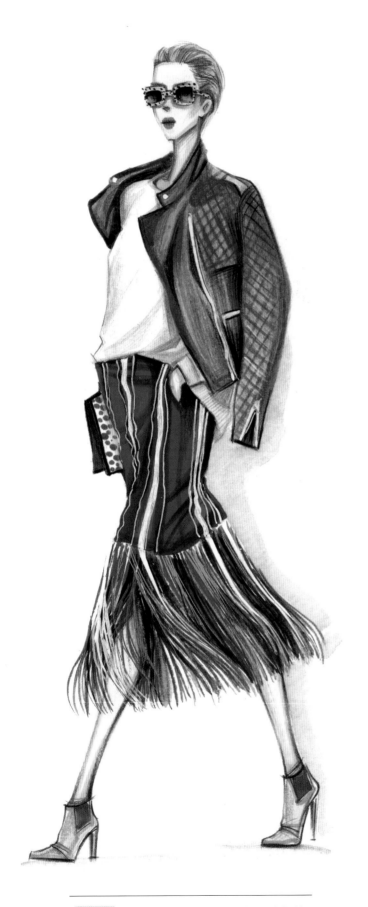

图6-35　表现工具：水彩+马克笔+彩色铅笔3

图6-36　表现工具：水彩+马克笔1

图6-37　表现工具：水彩+马克笔2

图6-38　表现工具：水彩+马克笔3

图6-39 表现工具：水彩+马克笔4

图6-40 表现工具：水彩+马克笔5

图6-41　表现工具：水彩+马克笔6　　　　　　　图6-42　表现工具：水彩1

图6-43　表现工具：水彩2

图6-44　表现工具：马克笔+彩色铅笔1

图6-45 表现工具：马克笔+彩色铅笔2

图6-46 表现工具：马克笔+彩色铅笔3

图6-47　表现工具：马克笔+彩色铅笔4　　　　**图6-48**　表现工具：马克笔+彩色铅笔+油漆笔+白线笔